Bian Zhu
Wu Pengcheng

武鹏程 ◎ 编著

HAI YANG QI GUAN

绝美
海洋奇观

非凡
海洋

Fei Fan Hai
Yang

海洋出版社
北京

图书在版编目（CIP）数据

绝美海洋奇观 / 武鹏程编著. — 北京：海洋出版

社，2025. 1. — ISBN 978-7-5210-1327-6

Ⅰ. P7-49

中国国家版本馆CIP数据核字第2024AC2466号

非·凡·海·洋·大·系

绝美
海洋奇观 ∞ ▸▸▸ ▸▸▸

JUEMEI HAIYANG QIGUAN

总 策 划：刘 斌	总 编 室：(010) 62100034
责任编辑：刘 斌	网 址：www.oceanpress.com.cn
责任印制：安 淼	承 印：保定市铭泰达印刷有限公司
排 版：海洋计算机图书输出中心 晓阳版	次：2025 年 1 月第 1 版
	2025 年 1 月第 1 次印刷
出版发行：海洋出版社	
地 址：北京市海淀区大慧寺路 8 号	开 本：787mm×1092mm 1/16
100081	印 张：11.75
经 销：新华书店	字 数：220 千字
发 行 部：(010) 62100090	定 价：68.00 元

本书如有印、装质量问题可与发行部调换

前　言

在地球上，海洋总面积为 3.6 亿平方千米，大约占地球表面积的 71%。广阔的海洋造就了许多奇特景观，有奇特地形、奇幻洞穴、奇岩怪石、奇特风景和奇特沙滩，每一种景观都令人惊艳！

在奇特地形方面，不仅有"独特的倒沙入海奇观"的三明治湾、被"善变海潮抚慰的圣山"圣米歇尔山、"地球的尽头"圣卢卡斯角、"落差 1000 米的海底悬崖"巴里卡萨大断层，还有奇特的心形岛、骷髅海岸、龙磐草原。

在奇幻洞穴方面，不仅有"刷新世界纪录的蓝洞"三沙永乐龙洞、马耳他三蓝、被誉为"上帝偷闲时的画室"的圣迈克尔岩洞，还有能治病的医院洞穴、被誉为"海洋之眼"的伯利兹蓝洞和有趣的动物花洞。

海洋中的奇岩怪石也很多，不仅有"神秘的岛屿"管风琴岩岛、"只属于少数人风景"的布道石、"纤尘不染"的圣母岩礁、"正在消失的奇迹"十二门徒岩，还有好望角石林、摩拉基大圆石、分裂苹果岩、棋子湾等。

水母湖、海底瀑布、赫特潟湖、间歇泉、喷水海岸、七彩土、肥皂岛这些奇特景观让海洋充满了神秘感。而港岛粉色沙滩、瓦度岛荧光海滩、卡马利黑海滩、布拉格堡玻璃海滩、贝壳海滩等奇特海滩更是让海洋显得多姿多彩，令人震撼。

本书遴选世界上最神奇、最美丽、最具特色的海洋景观，将它们的奇、美、怪一一展现，让大家了解海洋，认识海洋，领略海洋之美。

目　录

奇特地形

奇幻洞穴

奇岩怪石

奇特风景

奇特沙滩

三明治湾

独 特 的 倒 沙 入 海 奇 观

　　这里一边是白浪滔天的大西洋，一边是黄沙飞舞的大荒漠，沙海交汇处有令人心醉的浪打沙倒的壮丽景观，瞬间崩塌的沙堤，顷刻泻入大海，发出如同交响乐一般的声响，沙漠、海洋、天空融为一体，时空仿佛定格在最壮丽的那一刻。

❖ 三明治湾

　　三明治湾位于鲸湾以南 48 千米处的纳米比亚布诺克鲁夫特国家公园内，这里一边是沙漠，另一边是海洋。

世界上面积最大的沙丘之一

　　驾驶越野车，从鲸湾盐碱滩涂上的一条沙路可进入沙漠深处，这便是世界上最古老的纳米布沙漠，由这个沙漠环绕而形成的大西洋海湾就是三明治湾。

　　三明治湾的沙漠是纳米布沙漠中形成时间相对较短的一部分，沙子多呈金黄色。三明治湾强大的风力不断改变着沙丘的形态和高度，使它成为世界上面积最大的沙丘之一，也是世界自然遗产的一部分。

三明治湾旁边曾经有一个小村庄，如今仅剩木架了。从 1960 年开始，居民就离开了这里，这个地区也就成了无人区。

❖ 三明治湾沙漠中废弃的村庄

❖ 三明治湾起伏绵延的沙丘

倒沙入海，令人惊艳的自然奇观

沿着沙路穿越沙海，即可到达壮观的三明治湾，海湾一侧是大海，另一侧是沙丘。如果想要看到最美、最摄人心魂的景观，就需要爬到海边高达百米的沙丘上。爬沙丘有两种方式：一种是直接驾驶越野车朝沙丘顶开去，这需要有很好的越野车操控技术，稍有不慎，车轮就会因在沙丘上失去摩擦力而无法前行，车在无动力时还会下坠。在这样的沙海中"冲浪"，车子一波接着一波地翻越小沙丘后，可以到达海边最高的沙丘。另一种是从沙丘的底部徒步攀爬到沙丘顶部，爬沙丘比爬山艰难很多，脚会陷进沙里下滑，需要手脚并用。

不管用什么方式到达最高的沙丘顶部，人们瞬间就会被眼前的景象所震撼：不远处是连绵起伏的金沙丘和风疾浪涌的大西洋，沙丘被浩瀚的大西洋紧紧拥抱、吞噬，上演着非洲的狂野与柔情。在白浪和沙丘之间，沙入海、浪冲沙，浑然而成"三明治"色，形成了独特的倒沙入海的世界奇观，这也是三明治湾名称的由来。

三明治湾沙海相连、倒沙入海的奇观，在 18 世纪就被人们发现，但因交通极为不便，很少有人来到这里，正因为如此，才成就了三明治湾的美丽。

❖ 一边是海洋，另一边是沙漠

福斯塔湾

独 特 的 极 地 海 洋 小 气 候

有实物记载，福斯塔湾是人类最早开拓南极大陆的地方，也是探险家们最理想的探险天堂。

福斯塔湾位于南设得兰群岛和南极半岛附近的一座活火山岛——欺骗岛（也称为幽灵岛、迷幻岛）上。

天然的避风港

20 世纪初，几个捕鱼人迷失在大雾中，偶然发现了这座岛，可海水一涨，岛又不见了，于是这里就有了"欺骗岛""迷幻岛""幽灵岛"的名字。

欺骗岛是由于远古冰川纪时期，南极海底火山喷发而形成的一座黑色火山岩小岛，是南极洲的活火山之一。它有一个约 13 千米长的缺口，形如一个盛满海水而有缺口的大碗（或者说是马蹄形、戒指形、C 形），四周被群山环抱，中间是直径约 16 千米的一个内海，由一个叫作海神风箱的狭窄海口和外部的大海相通，这个被群山包围的地方就是福斯塔湾，是一个天然的避风港。

关于欺骗岛名称的由来，还有另外一个故事：相传 1820 年 11 月 15 日，美国捕海豹人纳撒尼尔·帕尔默发现了这座岛屿，这座看似与平常小岛无异的海岛，通过一个狭窄入口进入后别有洞天，于是将它命名为欺骗岛。

❖ 被欺骗岛环抱的福斯塔湾

❖ 南极探险杂志插图中的欺骗岛

捕鲸和捕海豹的地方

福斯塔湾被发现后曾经是南极捕猎鲸和海豹的绝佳地点。

1918 年，英国海军来到了这里，用武力占领了欺骗岛，并在福斯塔湾中的一个小海湾——鲸鱼湾大肆捕鲸，炼制鲸油。有记载，截至 1931 年，英国人在鲸鱼湾炼制了 360 万桶鲸油。第二

通过海神风箱便可以进入福斯塔湾内。这是一个非常狭窄且常年有大风的入口，入口处宽 200 多米，而实际上船只只有大约 100 米宽的有效通行空间，需要十分精准的定位才能安全通行。

❖ 海神风箱

❖ 福斯塔湾海面上的奇石

次世界大战期间，欺骗岛和福斯塔湾曾作为英国的军事基地。之后，离南极最近的阿根廷人、智利人来到了这座岛屿，再后来西班牙人也来到了这里，他们纷纷在岛上建立起科考站，主要监测火山活动和研究海洋底栖生物。

❖ 曾经保存鲸油的罐子

岸边的大铁家伙就是当年的炼油炉，这一排排废弃的大油桶就是保存鲸油的罐子。

南极唯一且天然的海水温泉

南极被称为"世界寒极"，这里已记录到的最低温度为 –89℃。年平均气温约为 –25℃。但是，福斯塔湾却是一个打破了一般人认知的地方。

因为欺骗岛是由火山喷发而形成的，而福斯塔湾北端更是靠近火山口，蕴藏了丰富的地热、温泉资源，气温可能会达到 40℃，水温更是会达到惊人的 70℃，这是南极唯一且天然的能够进行海水温泉浴的旅游胜地，因此吸引了世界各国的游客乘坐游轮，通过海神风箱的狭窄海口进入福斯塔湾度假。

❖ 挖个坑就能泡温泉

在海湾的北端火山岩形成的海滩上随便挖个坑都能涌出温泉。

真实的神奇事件

欺骗岛是一座活火山，1967 年 12 月 4 日，福斯塔湾北端的火山爆发，炽热的岩浆从海底喷出，射向几百米的高空，然后垂直坠落而下。瞬间，岛上几乎所有的建筑物都被摧毁，智利、阿根廷、英国的 3 个科考站化为灰烬。此外，还有

❖ 当年的捕鲸场面

5

❖ 福斯塔湾的海滩

鲸鱼湾是 1930 年前后废弃的，据记载，包括个头最大的蓝鲸在内，这里一共宰杀了 3000 多头鲸，现在在岸边不远处还有两处鲸的墓地。

在福斯塔湾游泳、享受温泉时需要注意，北端温度较热，最高达到70℃，但是另一端却是极寒之地，所以需要选择合适的区域下水，免得被烫伤或者冻伤。

欺骗岛火山在 18—19 世纪特别活跃。在 1906—1910 年和 1967—1970 年也曾喷发过。

生活在欺骗岛的企鹅是帽带企鹅，这是南极半岛最大的种群，共有超过 10 万对育种的企鹅。

❖ 帽带企鹅

挪威的一座鲸加工厂和英国的一架直升机也被熔浆吞没。然而神奇的是，这么大的一次火山爆发，却没有对岛上的企鹅和海豹造成损伤，因为它们早已提前离开。

如今，火山使福斯塔湾内的地势迅速上升，湾内多处温泉喷涌，陆上的地热带处处有水汽升腾，并且存在长期的地热活动区域，因此，它被列为具有重大火山爆发危险的活动火山口。

独特的极地海洋小气候

贫瘠的火山斜坡、热气腾腾的海滩和盖着火山灰的冰川，在地热作用下，形成了福斯塔湾独特的极地海洋小气候，同时也构成了它独特的景观。

福斯塔湾以及整座欺骗岛，除了海洋中有鲸、海豹等丰富的海洋生物之外，陆地的地热区也生长着独特的植物群落，有最大的南极珍珠草群落，还至少长有 18 种在南极其他地方未记录过的珍稀植物——苔藓或地衣，除此之外，岛上还生存有 9 种海鸟，包括帽带企鹅等。

福斯塔湾如今成了南极洲游客最多的景点之一，在这里除了可以享受在温泉中游泳和海浴，欣赏极地风光和荒废的科考站遗址外，还可以学习火山知识，研究地热活动，进行南极探险并观看鲸、海鸟等。

圣米歇尔山

圣米歇尔山伫立于圣米歇尔湾之中，受到海洋潮汐的作用，交替与大陆相连和隔断，每当涨潮时圣米歇尔山就完全和陆地隔绝，成为真正的孤岛。而当退潮时，海湾内的沙滩就会完全露出水面，使它和陆地连成一体。

圣米歇尔山是一座花岗岩岛屿，位于布列塔尼和诺曼底半岛之间的圣米歇尔湾中，与之相邻的是另一座花岗岩岛——托姆贝莱因岛。

沿着圣米歇尔山入口往里走，不到 100 米就进入了修道院范围，换句话说，整个山体 9/10 的地方属于修道院。
此外，圣米歇尔山还有 4 个私人博物馆。

圣米歇尔山

托姆贝莱因岛非常出名，上面聚集着各种海鸟，是观鸟爱好者的天堂。而圣米歇尔山更加有名，在西方甚至流传着这样一句话："没到过圣米歇尔山就不算到过法国。"

圣米歇尔山伫立于圣米歇尔湾之中，它的面积很小，直径只有 1 千米，山也不高，但这座小山却能驮着比自身高出近两倍的中世纪的修道院。因为这个神圣而壮丽的奇迹，1979 年，这里被联合国教科文组织评为世界文化遗产。

❖ 恍若仙境的圣米歇尔山

❖ 圣米歇尔山的特色小吃店

圣米歇尔山最著名的美食是一种用面粉、牛奶、黄油、金菊花、香草碎等煎成的甜饼"crêpe"。在这里随处可见卖这种"crêpe"的小店，招牌上写成"crêperie"。

❖ 圣女贞德雕像

圣米歇尔山除了圣米歇尔山修道院（又名奇迹修道院）之外，还有很多大小不同的小教堂，这是一座小教堂门口的圣女贞德雕像。

不同于其他的修道院那般"平铺直叙"，圣米歇尔山修道院如同迷宫一般层峦叠嶂，直至钟楼顶尖最高处。

❖ 圣米歇尔山修道院

随着岁月的推移，圣米歇尔山修道院几经扩建翻修，最终成了今日的模样。教堂拥有罗曼式、哥特式和火焰哥特式3种建筑风格，修道院顶上的金色大天使在阳光的照耀下显得分外夺目。

❖ 圣米歇尔山修道院的城墙

❖ 邮资片上虔诚的信徒穿越滩涂去往圣米歇尔山

因一场梦而忙活了 8 个世纪才完工的教堂

古时候，圣米歇尔山是凯尔特人祭神的地方。相传，公元 708 年，海湾附近的阿夫朗什镇的主教奥伯特，梦见大天使圣米歇尔手指海湾内的岩石小岛，示意他在此修建教堂，当时奥伯特并未在意，但是接下来圣米歇尔连续 3 天出现在他的梦里，并在其脑颅上点开一个洞。奥伯特梦醒后恍然大悟，欣然接受神意，在岛的最高处修建一座修道院，奉献给大天使圣米歇尔。此后，经过漫长的 800 多年，一直到 16 世纪，圣米歇尔山修道院才算真正完工。因奥伯特主教的一场梦，让无数的建筑家和艺术家整整忙活了 8 个世纪。

在 1337—1453 年的英法百年战争中，119 名法国骑士躲避在修道院里，依靠围墙和炮楼，竟然抗击入侵的英军长达 24 年，因为每天潮水都会淹没通往陆地的滩涂，使英军无法进攻，为法国骑士们赢得了宝贵的休息时间。在整个英法战争中，圣米歇尔山也成为该地区唯一没有陷落的军事要塞。

❖ 圣米歇尔山

退潮后，伫立于圣米歇尔湾海滩上的圣米歇尔山。

❖ 小教堂

圣米歇尔山西北角有一座立于礁石上的小教堂。

观潮

随着大西洋的潮起潮落，1000多年来无数的沙被冲向圣米歇尔湾，海岸线因此向西移动了约5千米，使圣米歇尔湾的跨度变小了。1879年，人们在圣米歇尔山与陆地之间修建了一条堤坝，即便是涨潮也可以直接通过堤坝跨越圣米歇尔湾。

圣米歇尔湾向来以涨潮而闻名遐迩，最高潮与最低潮时海平面的落差高达15米。每年有两三次天文大潮，这时跨海堤坝也会被海水淹没，使圣米歇尔山再次成为孤岛，而此时的潮水也最为壮观，激荡人心，圣米歇尔山更是人山人海，热闹异常。

❖ 20世纪俄派画家笔下的圣米歇尔

圣米歇尔是战事之神，在中世纪的宗教信仰中具有不可小觑的重要性，根据《新约圣经》启示录的记载，圣米歇尔曾经打败象征魔鬼的恶龙。

摩尔斯莱班悬崖

欧 洲 最 高 的 白 垩 纪 悬 崖

摩尔斯莱班悬崖高 110 米，是欧洲最高的白垩纪悬崖。伫立崖顶，无论是俯瞰湛蓝的海水，还是闻着空气中的花香，感受温暖的阳光，或是注视不远处宁静的小镇，这一切无不体现出它的魅力。

摩尔斯莱班悬崖坐落在法国西北部的碧卡地省，它面向大西洋的索姆湾海岸，对岸是英国。

摩尔斯莱班悬崖几乎呈 90°垂直于索姆湾的大西洋海面之上，看上去壮观而惊险。在这座高耸海边的悬崖边有一个小镇——摩尔斯莱班小镇，它也被称作悬崖小镇，是法国十大著名旅游景点之一。

摩尔斯莱班小镇的大街小巷的墙壁上爬满了蔷薇，花香弥漫，从小镇政府大楼有一处通往摩尔斯莱班悬崖的台阶，人们可以沿着 378 级台阶攀爬，也可以直接开车或者坐缆车前往崖顶，站在崖顶可俯瞰小镇全景，悬崖、海滩、教堂、古堡、灯塔、积木房屋，与南法和西南海岸相比，这里少了一些小清新的装饰，显得更加粗犷、简洁。

❖ **摩尔斯莱班悬崖**

110 米高的白垩岩悬崖，几乎呈 90°垂直于海平面。站在崖顶，让人心惊胆战。

索姆湾是一个平静的海湾，海湾面积约 7200 公顷，是由沼泽、滩涂、索姆河而形成的广阔的三角地带，它是鸟类以及海豹的天堂，也是世界上最美的 30 个海湾之一，当地人文景色非常别致，被联合国教科文组织列为世界文化遗产。

在法国，红色蔷薇表示"我疯狂地爱上你了"，白色蔷薇表示"爱情悄悄地萌发"。

❖ **法国特色的古建筑**

这些如同积木垒起来的彩色房屋遍布整个小镇，是第一批到此度假的法国王公贵族和富人们的府邸，如今成为当地的风景。

奎雷因

充 满 魔 幻 气 息 的 山 地

斯凯岛就像仙境一样，长期被云雾遮盖，不露真容，因此也被称为"隐藏在空中的小岛"。充满魔幻气息的奎雷因就隐藏在这座岛中，它是好莱坞许多奇幻大片的取景地。

奎雷因是位于苏格兰西北部近海处的赫布里底群岛中最大、最北的斯凯岛北端的一片山地，它有异常壮观的悬崖峭壁与荒无人烟的宽阔高地，整个山地被岛上幽深的古堡和高耸孤独的灯塔衬托得格外粗犷和孤寂，这种辽阔苍凉的感觉，正是苏格兰高地的气质。

海盗眼中的世外桃源

❖ 荒凉之美

斯凯岛大多为高位沼泽地（又称"泥炭沼泽"或"苔藓沼泽"，为沼泽发展的后期阶段），并不适合开垦种植，因此，自古以来，斯凯岛一直显得很荒凉、贫瘠。

斯凯岛在挪威语中的意思是"云之岛"，据说中世纪时，有一群维京海盗发现了这座岛屿，原本打算上去抢劫，却发现整座岛都被迷雾笼罩着，如在云中，于是这群维京海盗放弃了抢劫的念头，离开了这座岛，小岛因此得名"云之岛"。

内斯特角灯塔建于1909年，位于奎雷因的西南边、斯凯岛的最西边，交通不太便利，只能自驾或者徒步前往，灯塔立于一块直插北大西洋的土地尖端上，是一座由48万根蜡烛作为动力的灯塔，被评为"世界最美丽的十座灯塔"之一，灯塔周围由悬崖环绕着，悬崖上的风很大，而且很陡峭、危险，所以，这里还入选了地球上35处神秘的魅力之地："站在世界边缘的灯塔"。

❖ 内斯特角灯塔

充满野性之美的奎雷因

斯凯岛是英国的世外桃源，这里远离世俗喧嚣，保留着大自然最纯净、最原始、最神秘的美，一直被誉为英国最美的地方，有人把它称为离天空最近的岛。整座岛中最让人向往的就是位于北部的奎雷因，奎雷因整个区域的岩石、悬崖峭壁呈现一种野性之美，在不同的天气状况下有不同的风貌。

奎雷因的路弯弯曲曲，渺无人烟，而且越走越窄，越走越陡，山路两侧时不时夹杂着一些小湖泊、瀑布。尤其在风雨天气，奎雷因更显得魔幻，电影《魔戒》曾在这里取景拍摄；另外，充满浓郁中世纪色彩的电影《普罗米修斯》也在此取景。

奎雷因是斯凯岛上最令人震撼的风景之一，但由于经常发生山体滑坡和泥石流，这里的道路每年都要维修。

❖ 徒步路线指示牌

❖ 奎雷因风景

❖ 老人峰
欣赏老人峰有几个角度：一是刚踏上斯凯岛，远看老人峰侧面的几根峰柱；二是在山脚正面看峰柱，平时并不惊艳，但是有雾的时候会有进入仙境感；三是最值得推荐的角度，即从后面观看，但是这个角度的风非常大，没有一点毅力很难欣赏到最美的风景。

奎雷因的延续——老人峰

离奎雷因不远或者说是奎雷因的延伸处，有一根尖顶的石柱屹立在海边的山峦之上，神似一个独坐在海边的老人，这便是斯凯岛上最有名的山峰——老人峰。

老人峰是斯凯岛上最高的山峰，仅登山步道就长达 3.8 千米，需要徒步才能欣赏到老人峰的最美风景，这里山、海、天相连，拥有苏格兰最棒的徒步路线。站在老人峰峰顶，可一览奎雷因乃至斯凯岛全貌。不过，要想看到老人峰的最佳全景，并不是在山顶，而是在山脚或者更远处。

除了老人峰之外，奎雷因周边还有很多堪称斯凯岛地标的景点，如苏格兰裙边悬崖、米尔特瀑布等。

苏格兰裙边悬崖，因为像苏格兰男人穿的裙子而出名。
❖ 斯凯岛地标之一：苏格兰裙边悬崖

古老的海滨小镇——波特里

奎雷因东北处是一个天然形成的海湾，小海湾环抱着一个恬静、古老的海滨小镇——波特里。波特里是一个很小的镇，却是岛上最大的镇，也是斯凯岛的首府，是全岛的交通枢纽，这里被群山环抱，远

❖ 波特里颜色粉嫩的小房子

波特里有一排排颜色粉嫩的小房子，有粉红色、粉蓝色、粉绿色、粉黄色，映衬着蓝色的天，是当地的一个地标，出现在很多明信片和摄影作品里。

❖ 斯凯岛地标之一：米尔特瀑布

米尔特瀑布比人们想象的要小，水流一路冲到大西洋，据说早在1.65亿年前，这里是恐龙们的栖息地，因为英国科学家在这里发现了15对大型食肉恐龙的大脚印化石。

离世俗喧嚣，景致如画。

大约半小时就能逛遍整个波特里，这里有精美无比的建筑，房子点缀着鲜艳的色彩，与圣托里尼岛张扬的色彩不同，这里显得更沉静与安宁。

波特里外面是美丽迷人的港湾，停满了各种游艇、帆船、渔船，甚至偶有军舰，每当夏季，这里就会变成度假天堂。

如果说充满魔幻气息的奎雷因是众多电影导演和探险爱好者的天堂，那么环绕在它周边的老人峰、宁静的波特里、雄壮的艾琳多南堡、古老的邓韦根城堡、苏格兰裙边悬崖等，更是可以满足游客探险的欲望，是值得游客驻足细细品味的地方。

❖ 斯凯岛上的非主流牛

斯凯岛上的牛全身披着金红色长毛，眼前有长长的毛遮盖眼睛，它们因为这种齐刘海特有的"非主流"造型而被称为"非主流牛"。

万座毛

气 势 雄 伟 的 " 大 象 鼻 "

香港爱情电影《恋战冲绳》中有个经典的场景，张国荣饰演的主角站在断崖绝壁上俯瞰深浅不一的海水……他站的地方就是有名的万座毛。

万座毛位于冲绳岛的中部，在日本本土和我国台湾之间的琉球群岛中央，这里有最原始的海岛风景。

万座毛坐落于冲绳岛恩纳村海边的一座断崖之上，而断崖峭壁形似海边喝水的"大象"，因此又被称为"象鼻石"。海岸悬崖上奇石嶙峋，以这处象鼻石伸向大海的景色最奇特，断崖之下是珊瑚礁和惊涛拍岸的壮丽景致，是香港电影《恋战冲绳》、韩剧《没关系，是爱情啊》等影视剧的取景地。

万座毛充满魅力，仅名字就让人遐想连篇。"万座"的意思就是"万人坐下"，"毛"是冲绳的方言，指杂草丛生的空地，所以"万座毛"的意思是"能容纳万人坐下的草原"。相传，

❖ 万座毛旁边的小亭子

在琉球王朝时代，琉球国王尚敬王在去北山巡视的途中经过此地，见到断崖上的平原后，就让随从万人坐到上面，因而得名"万座毛"。

万座毛其实很小，环绕一圈走下来也只要十几分钟，在这里既可以欣赏海天一色的景色，也可以俯视悬崖峭壁下的珊瑚礁。

因为海水冲刷，"象鼻"会越来越细，未来有可能会看不到它了。

❖ 万座毛的绝壁如象鼻

攀牙湾

在淡绿色的海湾水面上，奇峰怪石星罗棋布，有的从水中耸起数百米、有的如凌空立于碧波之上、有的岩岛看上去像驼峰、有的则像倒置栽种的芜菁……

❖ 攀牙湾奇峰怪石星罗棋布

攀牙湾紧靠泰国普吉岛的攀牙府，位于普吉岛东北角75千米处，整个湾内遍布珍贵的胎生植物红树林，有"地球之肺"的美誉。

❖ 群山围绕成一个心形

❖ 攀牙湾壮观的海洞

　　攀牙湾内遍布数以百计形态奇特的石灰岩小岛，有鬼斧神工的悬崖陡壁、神秘的溶洞，而且每座小岛都有一个与其形状极为吻合的名称，除了石灰岩小岛之外，在攀牙湾还有许多造型奇特的钟乳石岩穴和数不清的怪石、海洞，其中007岛、钟乳岛石洞（即佛庙洞、隐士洞、蝙蝠洞）更以其天然奇景而著称。

❖ 攀牙湾奇特的小岛

❖ 蝙蝠洞

1974 年，好莱坞影片《007 之金枪人》在此地取景，从此以后这里便成了普吉岛一个著名景点，也成了攀牙湾国家公园最大的亮点。

去往攀牙湾很方便，只需从普吉岛坐车驶过跨海大桥到达攀牙府，然后再乘坐小船即可到达，可以在这里探访各小岛、水上渔村，乘独木舟探险、划皮划艇、骑大象、看猴子等。

❖ 007 岛

❖ 攀牙湾美丽的岩石

圣卢卡斯角

圣卢卡斯角怪石林立，海水清澈湛蓝，恍如人间仙境，是原始而又与世隔绝的"地球的尽头"。

❖ 圣卢卡斯角美景

圣卢卡斯角是墨西哥最受欢迎的度假胜地之一，也被称为"北美后花园"。古墨西哥人认为"到了圣卢卡斯角，就到了地球的尽头"，而这个尽头有两处大自然塑造的奇景：一处是有"太平洋之门"之称的圣卢卡斯角石拱，另一处是圣卢卡斯角爱情滩。

下加利福尼亚半岛位于墨西哥西北部，在墨西哥湾与太平洋之间。

当地人认为这是一扇通往永恒的门，热恋的情侣们只要在"拱门"下彼此倾诉对爱情的忠贞，便可以获得永久的爱情。因此，当夕阳快要沉落于太平洋之下时，就会有很多人来此祈福好运或者爱情。

科尔特斯海又被译为哥得斯海，是太平洋深入北美大陆的狭长边缘海，位于墨西哥西北部大陆和下加利福尼亚半岛之间，呈西北—东南走向，北窄南宽，形似喇叭状。

到了圣卢卡斯角，就到了地球的尽头

下加利福尼亚半岛是世界上最狭长的大半岛，形如长长的手臂，它从墨西哥的西北角向东南延伸，全长1200余千米，因此有"墨西哥的瘦臂"之称，而圣卢卡斯角就位于这个半岛的最东南端顶点上，古墨西哥人由于交通和通信落后，要想从"墨西哥的瘦臂"的最北端到达圣卢卡斯角非常不容易，因此，他们认为这个三面被烟波浩渺、一望无际的太平洋包裹的圣卢卡斯角就是地球的尽头。

圣卢卡斯角石拱

圣卢卡斯角石拱又被称为"地之角"，是"地球的尽头"的重要标志。

下加利福尼亚半岛伸向大海的山体岩石，长年受海浪冲刷，形成了几块巨大的、伫立于海上的岩石，其中在最大的岩石下方有一个被海水雕刻出的如拱门般的大洞，这便是有名的圣卢卡斯角石拱。

在圣卢卡斯角石拱外，太平洋和科尔特斯海的海水在此相汇、冲撞，形成巨大的浪花和迷蒙的水雾，又随风拍向石拱，发出"隆隆"的巨响，场面甚为壮观，因此，圣卢卡斯角石拱又被称为"太平洋之门"。

❖ 海边的警示牌
圣卢卡斯角的水况复杂，很多不能下水的海滩上都有警示牌。

圣卢卡斯角爱情滩

圣卢卡斯角爱情滩位于圣卢卡斯角石拱和海岸之间，它是一个经过海水长年冲刷而成的金黄色海滩。圣卢卡斯角爱情滩的面积不是很大，南北最长的地方千余米，东西宽大约500米，南北两边被峭壁包围。圣卢卡斯角爱情滩东边是科尔特斯海，西边是太平洋，这里的风浪很大，圣卢卡斯角爱情滩东西两边的海水常常会同时扑打上海滩，两者融合后沁入海滩，就像情侣亲密接吻，因此，这个沙滩得名"爱情滩"。

神奇有魅力的地方

圣卢卡斯角除了有名的"地之角"和"爱情滩"之外，还有大大小小、密密麻麻的明礁暗道。

圣卢卡斯角爱情滩是享受纯正日光浴的绝佳地方。

❖ 鸟瞰圣卢卡斯角爱情滩

❖ 圣卢卡斯角爱情滩

❖ 圣卢卡斯角奇怪的岩石
海中巨大的岩石中间有一条小缝，从缝隙中看出去就是一望无际的太平洋，非常壮观。

❖ 港口的卡波（Cabo）标

在圣卢卡斯角海岸线上遍布众多被侵蚀和风化的岩洞和石孔，它们曾经是海盗们的天堂，他们将劫掠而来的财宝藏匿于岩洞、孔穴之中。

如今，圣卢卡斯角海域已经没有了海盗，不过它的神奇魅力不减，海盗的传说依旧存在，尤其是海盗宝藏总会成为人们茶余饭后的谈资，而海盗们曾经的藏宝洞、怪石滩早已成为海鸟、海豹的栖息地。

圣卢卡斯角有各种各样的海上活动，如香蕉船、帆船运动、风筝航海和潜水等。

❖ 圣卢卡斯角耸立着巨石的海滩

巴里卡萨大断层

　　来到巴里卡萨岛才知道，人间也有天堂。上帝早在数万年前就已经赐予人类一个海底天堂——巴里卡萨大断层。

　　与普吉岛的人多嘈杂、巴厘岛的风情万种相比，菲律宾的巴里卡萨岛显得更别致与刺激。

孤立于海中央

　　巴里卡萨岛是一座赤道珊瑚岛，孤立于海中央，好像一朵巨大的蘑菇竖立在海底，露出海面的部分就是巴里卡萨岛。

　　巴里卡萨岛四周有白色细腻的沙滩，沿着沙滩可以走到海中，海水呈不规则的蓝绿色深浅分层。近处的是清澈见底的绿色海水，稍远处则是不

❖ 鸟瞰巴里卡萨岛

鸟瞰巴里卡萨岛，它更像是一颗梦幻般悬浮在海面上的巨大眼睛，有蓝绿交错的虹膜和泛黄的瞳孔。

❖ 鸟瞰巴里卡萨海滩

规则的蓝色区域，海水下面遍布暗礁和珊瑚；再远处，海水突然整体变成深蓝色。这就是世界知名的巴里卡萨大断层的景象。

1000 米的落差

巴里卡萨大断层是一座几乎呈90°陡峭的悬崖，有1000米的落差，它垂直于大海，并直达海底。崖壁上满是珊瑚和各种生物，成群美丽的热带鱼穿梭其间，海中的美景犹如花园般花团锦簇，超过50厘米长的大鱼随处可见，形成了颇为罕见的海底奇观，是许多潜水者的最佳旅游地点，也是世界知名的潜水胜地，清澈的海水会让潜水者有种在太空漫步的错觉。

❖ 杰克鱼风暴
巴里卡萨海域有大量的各种鱼类，尤其是在距离水面5~10米处，浮潜者常可以看到杰克鱼风暴，而且杰克鱼都非常大。

在巴里卡萨大断层潜水，可以让你感受到"当你凝视深渊的时候，深渊也在凝视你"的神秘感。
❖ 海底悬崖

巴里卡萨大断层有珍贵、稀有的黑珊瑚礁环绕着生长，此处的珊瑚呈玫瑰状，格外巨大且艳丽。

心形岛

心形岛镶嵌于太平洋之上，从高空鸟瞰，小岛呈一个完美的心形，让人不得不惊叹大自然的神奇。

心形岛原名塔法卢阿岛，是斐济马马努萨群岛中的一座岛屿，由于远古地壳的运动，使它呈现饱满的心形模样，因此有了心形岛这个浪漫的名字。

心形岛被誉为斐济的"海洋之心"，它是一座面积只有 0.12 平方千米的小岛，整座小岛被 360 度无死角的翡翠色大海包围，岛上白沙细软，椰林摇曳，充满大自然的气息。

心形岛远离陆地，但是却离斐济著名的旅游胜地维提岛很近。心形岛上面的生活设施齐全，游泳池、温泉浴场、健身设施、网球场、餐馆、酒吧等一应俱全，岛周围珊瑚礁密布，海浪平和，是冲浪、钓鱼、潜水等的不二选择。

2015 年 4 月，心形岛被评为"造型最酷的岛屿之一"，从此它便成为一个蜜月旅游胜地，是全球追求浪漫的情侣们的梦想之地。

❖ 心形岛

几年前，塔法卢阿岛（心形岛）被放在淘宝网站上拍卖，起拍价仅 1 元人民币，最终这座心形岛被一位中国人以 500 万元人民币拍下，获得 99 年的使用权。

骷髅海岸

骷髅海岸的一侧是沙漠，遍地黄沙，另一侧是大海，风起浪涌。在这里看不到碧空如洗，也感受不到海风轻拂，显得十分荒凉。许多人在这里神秘地消失或者死亡，变成遍地的白骨，因此它被旅行者称为"地狱海岸"。

❖ 一侧是沙漠，另一侧是大海

在非洲纳米比亚的纳米布沙漠和大西洋冷水域之间有一条长达 500 千米的海岸线，它的一侧是一望无垠的沙漠，另一侧则是碧蓝色的大海，这里就是骷髅海岸，又称为地狱海岸。

最干旱的沙漠之一

纳米比亚的海豹与世界上其他地方的海豹不同，属于长毛类海豹，也称为有耳类海豹。这里的海豹身上长有两层毛，表层毛长而粗疏，里层毛短而细密。

骷髅海岸虽然紧靠大海，四周有河流穿过，但是它却依

❖ 沙滩上的海豹

❖ 沙漠中的蜥蜴

上的羚羊白骨

旧是世界上为数不多的、最干旱的沙漠之一。骷髅海岸每天备受烈日的煎熬，在这里看不到碧空如洗，也感受不到海风轻拂，只有漫天的黄沙和遍地的白骨。

美得让人不寒而栗

骷髅海岸的海岸线有一望无垠的金色沙滩，充满了神秘的气息。壮观的沙滩和海岸边碧蓝的海水互相映衬，形成了一道独特的风景。广袤的沙滩周围有许多河流流经沙漠，但还未进入大海，这些河流就已经干涸，干透了的河床就像沙漠中的车辙，一直延伸到看不见的远方。只有当内陆有大暴雨时，河床才会被巧克力色的雨水填满，变成滔滔急流，干涸的河床上会长出植被，整个河床也会在短时间内变成"狭长的绿洲"，使骷髅海岸在荒凉中透着一丝丝的美丽，却又美得让人不寒而栗。

骷髅海岸不时地会从海上刮来飓风，当地人称这种风为"苏乌帕瓦"，"苏乌帕瓦"所到之处，沙丘表面会向下塌陷，沙粒在风的推动下，摩擦声像是人在猛烈地咆哮，仿佛是对遭遇海难后的海员和那些迷路的冒险家所唱的灵魂挽歌。

❖骷髅海岸国家公园大门

1933年，一位名叫诺尔的瑞士飞行员从开普敦飞往伦敦时，飞机失事，坠落在这个海岸附近。

❖ 骷髅海岸沙漠中废弃的房屋

❖ 骷髅海岸上的废弃船只

世界上最危险的海岸线

骷髅海岸是世界上最危险的海岸线，海岸沙丘不远处的岩石，由于风化作用被刻蚀成奇形怪状，犹如从地狱中钻出来的妖怪，让人毛骨悚然。

海上时常会刮起飓风，使海浪汹涌澎湃，海面下则隐藏着参差不齐的暗礁，使来往骷髅海岸的船只经常失事，即便有许多船员跌跌撞撞地爬上了岸，最后也会被岸上荒漠的风沙折磨致死，因此，在骷髅海岸有许多海员和探险者的遗骨。

我正向北走

1943年，12具无头骸骨在骷髅海岸被发现，在无头骸骨的附近还有一块石板，上面写着："我正向北走，前往60里外的一条河边。如有人看到这段话，照我说的方向走，神会帮助他。"至今也没有人知道这段话是谁写的，更没有人知道这些遇难者是谁，也没有人知道他们为什么遇难。

即便凶险无常，也不妨碍骷髅海岸成为冲浪高手们的最佳目的地之一。在海边，风浪猛烈地拍打着缓斜的沙滩，把数以百万计的小石子冲上海岸，对冲浪高手们来说，这里有着别样的诱惑。但是，除了部分热衷于冒险的人之外，大部分人并不敢尝试，因为这里有失去性命的危险。

龙磐草原

龙磐草原是我国台湾地区独一无二的海岸大草原，拥有原生态的荒原味，是垦丁最美的海湾，充满了浓郁的海洋风情。

龙磐草原又称为龙磐公园，位于我国台湾地区最南端的恒春半岛，是垦丁的一个特别景观区。

恒春半岛也被称为"珊瑚礁岛"，由于一年四季气温在20~28℃，树木常绿，鲜花盛开，所以叫"恒春半岛"。恒春半岛因旖旎的热带海滨风光而被人们称为"台湾的夏威夷"。

这里的草长得比人还高

在垦丁的太平洋海岸线上，浪花一层层地涌向岸边，好像是一条巨龙盘绕着葱葱郁郁的一片草原，因此人们将这里叫作龙磐草原。

❖ 龙磐草原海边

❖ 龙磐草原

龙磐草原是一种石灰岩地形，海拔仅六七十米，面积约80公顷，地处三面临海的恒春半岛，由于受强劲海风的影响，这里的农作物不易成活，只适合牧草的生长，而且这里的青草长得十分茂盛。

龙磐草原和内蒙古的大草原不同，这里的草长得比人还高，所以不能躺在草地上看天空，更不能在草地上尽情地翻滚。这里也不是那种广阔无垠的草原，而是一大片、一丛丛地聚在一块，遍地都是绿色的草原。

龙磐草原的美景

蓝蓝的天空、朵朵白云，以及远处浩瀚无垠的太平洋，让身处龙磐草原的人们一时竟分不出哪里是海，哪里是天，它美得犹如画中的景象，让人感到震撼。

龙磐草原不仅景色极美，而且置身草丛之中，还有机会邂逅黑山羊、牛或者梅花鹿，它们在草丛中悠然自得地低头吃草或者休息。这些黑山羊或梅花鹿，最早的时候是人工放养的，但是，如今的黑山羊和梅花鹿都是自然繁殖的。

为了保持龙磐草原的原生态，这里没有任何人工设施，也不允许任何人工干预。龙磐草原展现的是一种天然的美，可以说任何的人工干涉都是对自然美的破坏。

阵阵海风吹过龙磐草原，绿色的草浪翻滚开来，此起彼伏之间，青草的香味混合着海洋的咸味，吹进人们的心扉，那场景好像一幅充满诗意的油画。

龙磐草原天气的最大特点就是风大，夏天基本上看不到风吹沙。到了冬天，这里的大风可以将人都吹跑，尤其是刮东北风的时候，黄沙漫天飞舞着，像是沙尘暴一样。如今，这里修了公路，也种植了大片的防护林，渐渐地远离了风吹沙的时代。

蛎蚜山

　　蛎蚜山是由有"神赐魔石，海中牛奶"之称的牡蛎活体堆积而成的生物岛礁，它入水为礁，出水为岛。

　　蛎蚜山又被称为"沉浮山"，位于江苏省南通市海门市东灶港东南约4千米的黄海中，它似山非山、似岛非岛，由黄泥灶、泓西堆、大马鞍、扁担头、十八跳等大小不等的30余种牡蛎堆积而成，整体呈东西走向，长1.43海里，南北宽0.9海里，处在南黄海潮间带。

被神佛庇佑的地方

　　据当地老渔民说，这里是被神佛庇佑的地方，因此关于此地的传说非常多，如传说观世音菩萨和阿弥陀佛，常在黑暗中脚踩尖锐的蛎蚜壳来到此地，为渔船指明方向，解救危难；又传说，每当农历六月十九观世音菩萨生日这一天，四海龙王和各路神仙都会聚集到蛎蚜山顶礼膜拜；还有传说观世音菩萨坐下鳌鱼精，常年在深潭里，一心念经拜佛，祷告蛎蚜山海上平安；更有奇特的景象，每年农历六月十八至

❖ 蛎蚜山美景

❖ 礁石上的牡蛎

这种蛎蚜，宁波人称为"蛎黄"，没有壳，灰色的，很软，吃前冲洗一下，凉开水一过，放生姜末，蘸米醋吃，味鲜肉肥。

蛎蚜山因盛产牡蛎而闻名，岛上还有沙参和关公蟹，都美味无比。为了保护蛎蚜山的天然资源，2006年，国家海洋局在此设立了海洋特别保护区。

二十日（按潮水变化），东洋大海里几百头大、小鲸会成群结队、前呼后拥地赶来蛎蚜山海域，鲸游蛎蚜山的场景蔚为壮观，至今都是一个谜。

赶海的好地方

蛎蚜山的"蛎"就是牡蛎的蛎，当地人称牡蛎为蛎蚜，蛎蚜山由牡蛎活体和各种海洋生物构成，是一座天然的两栖生物岛。

蛎蚜山的牡蛎与法国、瑞典海边峭壁上附着的大牡蛎不同，这里的牡蛎个头小，完全是野生在礁石上的。每天退潮时，蛎蚜山的牡蛎会浮出海面，渔民们会趁着退潮，用一把小刀，把牡蛎坚硬的壳撬开一半，一半留在礁石上，挖出肉来，放入木桶里，当地人将这个过程称为劈蛎蚜（如今野生的牡蛎越来越少，已经开始控制劈蛎蚜了）。

蛎蚜山不仅可以劈蛎蚜，还可以尽情地赶海，这里的沙滩很细腻，潮水退却后，在夕阳照射下，沙滩的图案多变而美丽，上面布满了小孔洞，里面或许有蛤蜊、小沙蟹、黄泥螺。只需学着当地人的样子，脱下鞋，光着脚丫，用脚踩泥沙，就能把蛤蜊、小沙蟹、黄泥螺逼出沙洞，不一会儿就能抓满一袋子。

华夏第一龙桥

蛎蚜山中央最高处是礁石遍布、长满蛎蚜的山头。古时，需要乘船去往蛎蚜山劈蛎蚜，如今则有一座大桥相连，大桥总长4500米，宽7米，如长龙一般横卧于东灶港和蛎蚜山之间，这是当地人为方便登山而投资4500万元建造的龙桥，号称"华夏第一龙桥"。

❖ 华夏第一龙桥

无棣古贝壳堤

世 界 罕 见 的 古 贝 壳 滩

无棣古贝壳堤的沙滩上铺满了各式各样的贝壳，多到令人震撼。这里是唯一的新老贝壳堤并存的地方，也是世界罕见的古贝壳滩脊海岸线。

来到山东省滨州境内，大家首先想到的估计是沾化的冬枣、阳信的鸭梨，或者孙子兵法城、魏氏庄园、帝师杜受田故居，很少有人知道还有一个值得游览的地方，那就是滨州无棣县的古贝壳堤。

无棣古贝壳堤保存最完整

无棣古贝壳堤地处无棣县，濒临渤海湾，距离滨州市区约 100 千米，已有 5000 多年的历史，是世界上唯一最完整的新老贝壳堤并存的贝壳堤。

无棣古贝壳堤绵延 30 千米，总面积 80 480 公顷，贝壳总储量达 3.6 亿吨，在潮汐作用下，每年仍以 10 万吨贝壳堆积的速度生长。海岸线上拥有大、小贝砂岛 50 多座。

目前，世界上有三大古贝壳堤，分别是无棣古贝壳堤、美国路易斯安那州贝壳堤和南美苏里南贝壳堤。

无棣古贝壳堤是鲁北地区唯一可以直观沧海的海岸。

2002 年，无棣古贝壳堤被山东省人民政府列为省级保护区。

2004 年 12 月 17 日，无棣古贝壳堤晋升为国家级自然保护区。

无棣为古九河入海之域，随着黄河的迁徙，海岸线的变迁，沙滩上的贝壳长期堆积成island。淤泥与贝壳堤相互更替，渐渐形成了如今的贝壳堤。

❖ 无棣古贝壳堤上的贝壳

相比之下，美国路易斯安那州贝壳堤和南美苏里南贝壳堤的贝壳含量仅为 30% 左右，而无棣古贝壳堤的贝壳含量几乎达到 100%，不仅纯度最高、规模最大，也是目前保存最完整的贝壳堤。

❖ 无棣古贝壳堤上的海螺雕塑

海上仙境汪子岛

在无棣的滩涂潮带上，无数堆积的贝壳抵挡着汹涌的潮水，千百年的海潮在渤海湾南岸、西岸形成多条平行于海岸线的贝壳堤，塑造出神奇的天然大堤，也成为渤海湾海岸线向渤海延伸的脚印。

在这条长长的无棣古贝壳堤最东段有座汪子岛，它的面积不大，只有 6 平方千米，但却是整个鲁北地区唯一能够直接观看渤海的地方，因此有"海上仙境"之称。

相传，徐福奉秦始皇的命令率领童男童女，沿古鬲津河（如今的漳卫新河）经汪子岛登官船起程，入海求仙寻取长生不死之药，长久不归，童男童女的父母们来到此岛，眺望大海，盼望着子女的归来，所以这里得名"望子岛"，后人也叫它"旺子岛、汪子岛"。

汪子岛，又名"望子岛"，是渤海湾的一座荒岛，在抗日战争时期，岛上只有两三户人家居住，现在也因为交通极不方便，没有多少人在这里居住。

❖ 汪子岛

汪子岛的沙滩长约 5 千米，极为狭窄，最宽处不足 200 米，但是它却是极度美丽的金色沙滩，这些金沙是由被海潮推上岸来的贝壳，经过成百上千年的风蚀而形成的一片金黄色的细沙。岛上很少有人活动，茂盛的草木、金晃晃的沙滩、几排没有炊烟的红瓦村居，让这座偏僻的小岛恍若世外桃源。

伊莎贝拉岛

伊莎贝拉岛特殊的自然环境，造就了奇花异草荟萃、珍禽怪兽云集的景象，素有"生物进化活博物馆"之称。

大约200万年前，太平洋东岸海域的海底火山爆发，喷出的岩浆冷却后形成了许多大小不同的岛屿，统称为加拉帕戈斯群岛，这是一群与世隔绝的孤立岛屿，其中最大的一座岛屿就是伊莎贝拉岛。

伊莎贝拉岛是加拉帕戈斯群岛中最具代表性的岛屿，它形如一只棕色的海马，在大航海时代，这里很长时间被西班牙统治，因此以西班牙女王伊莎贝拉一世的名字命名。

独特而完整的生态系统

伊莎贝拉岛中央屹立着5个高达1689米的火山口，有的火山口常年积水成湖，像一颗明珠一样反射着太阳光，璀璨夺目。其中还有两个是活火山，在火山口与沿海沙质地带之间是覆盖着林木、藤本植物和兰花的丘陵地带。

伊莎贝拉岛东南端的维利亚米尔港是岛上的中心城镇，居住着岛上的大多数居民。为了保护原始的生态，整座岛上没有任何跨岛公路或隧道。

伊莎贝拉岛长期与世隔绝，这里的动植物自行生长发育，从而造就了岛上独特而完整的生态系统。岛上拥有众多罕见的花草树木和飞禽走兽，如象龟、达尔文雀、企鹅、海狮、海鬣蜥、陆鬣蜥、叶趾虎等，其中的许多物种在世界上是独一无二的，如不会飞的鸬鹚、企鹅，还有活了超过百年的象龟。

加拉帕戈斯群岛素来以独特的爬行动物闻名，岛上有12种叶趾虎，其中更有11种是这里独有的。沙宾叶趾虎、辛普森叶趾虎、粉红陆鬣蜥，以及塞罗·阿苏尔火山象龟都生活在伊莎贝拉岛北部的沃尔夫火山上，属于特有品种。

加拉帕戈斯群岛上80%的鸟类、97%的爬行动物与哺乳动物、30%的植物以及20%的海洋生物都是这里特有的。共有86种特有的脊椎动物，包括8种哺乳动物、33种爬行动物、45种鸟类；101种特有的无脊椎动物；168种特有的植物。

❖ 伊莎贝拉岛美景

❖ 伊莎贝拉岛上深邃的火山洞

❖ 沙宾叶趾虎

沙宾叶趾虎只分布在伊莎贝拉岛北部的沃尔夫火山上，全部栖息地面积不足 250 平方千米。

❖ 伊莎贝拉岛象龟

伊莎贝拉岛象龟是加拉帕戈斯群岛巨龟种群中体型最大的，成年龟背长极限达 1.8 米。它分布在伊莎贝拉岛塞罗·阿苏尔火山山麓，为现存最大的龟类，寿命可达 200 年，被列入世界自然保护联盟濒危物种红色名录。

这里的动物不怕人，各种动物见到人后一动不动，好像游客真的都是"游客"，它们才是这片天地的主人。

❖ 达尔文雀

达尔文来了之后这里便成了圣地

1835 年，26 岁的达尔文跟随英国海军测量船"小猎犬"号来到加拉帕戈斯群岛，他最主要的落脚点就是伊莎贝拉岛，而且他很快迷上了这座岛。达尔文通过研究岛上的物种，为他的"进化论"提供了有力的证据，并于 1859 年发表了《物竞天择的物种起源》，从此，加拉帕戈斯群岛便成了诸多生物学家及爱好者必去的"圣地"之一。后来，人们为了纪念达尔文，在加拉帕戈斯群岛的圣克里斯托瓦尔岛上竖立了达尔文的半身铜像纪念碑，并建立了生物考察站。

生态环境遭破坏

伊莎贝拉岛虽然地处赤道，但是由于受到寒冷的秘鲁洋流影响，周围的海水和岛上陆地的气温都不高，年平均气温为 25℃，降水量也不大，气候四季适宜，给植食性和肉食性动物提供了食物来源。因此，这里成为各种热带生物的天堂，也吸引了许多不同的人，有渔民、科学家、游客等，严重威胁到了岛上本来的生态环境和生物的生存。因此，保护伊莎贝拉岛的生态已经成为最紧迫的任务。

留尼汪岛

留尼汪岛不仅有沙滩、椰树等唯美的海景，还有壮观活跃的火山、无与伦比的冰斗、鱼游浅底的潟湖和世界上最好的波旁边香草，这里的一切都令人惊喜。

留尼汪岛是一座位于印度洋西部的火山岛，东距毛里求斯群岛190千米，西距非洲第一大岛马达加斯加650千米。留尼汪岛的海岸线长207千米，面积为2512平方千米，是法国的海外省之一，即留尼汪省所在地。

神奇的生态系统

留尼汪岛形成于300万年前，拥有纯天然的环境，总面积的42%已于2010年被联合国教科文组织列为世界自然遗产，其中就包括极负盛名的火山、冰斗和峭壁。

自16世纪葡萄牙航海家马斯克林发现留尼汪岛以来，至今岛上仍保存着许多原始物种和壮阔的自然景观。因受信风作用，以及内日峰和富尔奈斯火山的影响，岛山形成了3000多种不同的植被景观，拥有神奇的生态系统。

❖ 波旁家族徽标

几经易名的留尼汪岛

在欧洲人到来之前，这里一直被阿拉伯人称作狄那摩根。1513年2月9日，葡萄牙人马斯克林发现了该岛，这天是天主教圣人的圣日，于是将此岛命名为"圣阿波罗尼亚"。1767年，法兰西国王路易十五赎买了该岛，以法国王室波旁家族的名字将其命名为"波本岛"（又译"波旁岛"）。法国大革命后，被改名为"留尼汪岛"，意为"会议、联合"，以纪念马赛的革命者与国民自卫军的联合，后来又几经易名，直到1848年法国波旁王朝倒台，才又恢复叫留尼汪岛。

❖ 法兰西国王路易十五

❖ 朗帕河河谷

在前往富尔奈斯火山的途中有一个观景点，一定要停下来，在这里可以欣赏朗帕河河谷美景。

领略富尔奈斯火山的美景

富尔奈斯火山是世界上最活跃的活火山之一，至少有53万年的"活动史"，它位于留尼汪岛的圣菲利普附近，海拔2631米，顶部有宽8千米的火山口。富尔奈斯火山的安全系数较高，每年吸引约20万名游客来这里游览。

富尔奈斯火山最近一次爆发是在2015年5月，火山岩浆沿着地幔的裂缝向上冲出，顶破岩石，从山体顶部喷发出来。

这里有专门的公路通往富尔奈斯火山脚下，游客可以自驾、雇车到火山脚下，然后徒步前往。沿途可以领略火山喷发平息后留下的壮观景象，犹如壁画，亦真亦假，让人如临仙境。

作为留尼汪岛的标志性景观，富尔奈斯火山是徒步旅行者必去的景点。

❖ 通往火山的徒步路线

❖ 通往火山脚的公路

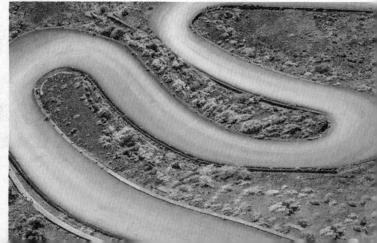

无与伦比的马法特冰斗

　　马法特冰斗是留尼汪岛三大冰斗之一（其他两个冰斗分别是萨拉齐冰斗和锡拉奥冰斗），马法特冰斗占地面积 95 平方千米，只有一条不易被发现的、穿越杂草乱石的小径可以到达，这是唯一的徒步通道，也是留尼汪岛最险峻的徒步路线。沿途可欣赏山谷的绿色植被和其他风景，是留尼汪岛上最值得推介的徒步路线，号称留尼汪岛的"隐世之地"。

　　马法特冰斗是一个三面环以峭壁、呈半圆形、类似古代希腊圆形剧场的洼地，是由上千万年地壳运动变化而形成的，绝非一日之功。马法特冰斗周边有许多当地的特色植被和原始植被，而且还有被普遍认为在 100 多年以前就已经绝种的植物。

　　要想完全领略马法特冰斗的魅力，需要带上帐篷，经过多日徒步攀爬才能到达目的地。

富尔奈斯火山喷发时间的最近记载有 1986 年、2007 年 4 月初、2007 年 4 月、2015 年 2 月、2015 年 5 月 17 日，火山喷发后，火红的熔岩喷薄而出，场景犹如人间地狱。

留尼汪岛有陡峭的地形、丰富的动植物、壮观活跃的火山、气势雄伟的冰斗和神秘的丛林，这一切都让它成为全世界徒步爱好者的理想之地。全岛有 3 条远距离的徒步路线，还有近千米经过修整的山路，使每一位徒步者都可以根据自身水平、体能和当时的心境，策划出一条最合适的路线。

马法特冰斗是由于冰川和积雪不断将地表切割，把原先的高山岩石生生解剖成一片山间洼地而形成的，像极了人们常见的漏斗。

❖马法特冰斗

❖ 萨拉齐小镇上的教堂

留尼汪人很早就意识到要保护自己的家园，尤其是这里的生态系统。2007年，"国家公园"和"海上自然保护区"建成，目的便是保护岛上的地方性特色。

❖ 留尼汪岛关帝庙
留尼汪岛大约有4%的人口为华人，所以在这里常可以见到有中国特色的寺庙，如关帝庙、财神庙等。

马法特

18世纪时，留尼汪岛到处是咖啡种植园，大批非洲黑奴被强制带到咖啡种植园内从事繁重的体力劳动。一位叫马法特的奴隶因不堪欺压，躲进了留尼汪岛上一片荒无人烟的山谷，随后，在马法特的影响下，逃走的奴隶越来越多。

后来，马法特被赏金猎人抓到并处死，但他却成了奴隶们心中的英雄，他躲藏的山谷被当地人命名为"马法特"。

精彩绝伦的海底世界

留尼汪岛丰富而独特的地貌景观令人惊叹，以至于人们差点儿忘记了这里还有大海。

在火山的作用下，留尼汪岛的海底形成了一处处拥有断层、圆拱等多种形态的奇观，是潜水爱好者的绝佳去处，不管是深潜还是浮潜，都会很轻松地发现水下多姿多彩的珊瑚礁和珊瑚丛四周的小丑鱼、鲸、海龟。

如果不想弄湿身体，又想领略这番景象，可以乘坐透明皮艇或泡泡船，同样可以欣赏到多彩的海底世界。

留尼汪岛的珊瑚礁中聚集着150多种珊瑚和500多种鱼类，是世界上物种最丰富的珊瑚礁之一。
❖ 留尼汪岛的海底珊瑚

圣保罗地下河

圣保罗地下河是世界上最长的暗河，整个河道沿途的岸壁崎岖不平、多皱，构成壮丽的岩穴，呈现无数幅令人产生无限遐想的画面，让人拍案叫绝。

圣保罗地下河位于菲律宾的巴拉望中部东海岸，在巴拉望最大城市普林塞萨港城不远处沙邦的圣保罗地下河公园内，该公园北临圣保罗湾，东靠巴布延海峡。

圣保罗地下河最早被英国人发现，据说这里曾经是巴拉望原住民的"圣地"，他们认为洞内居住着精灵，不能随意进入。但是，当地人的禁忌却挡不住探险者对圣保罗地下河进行探索的脚步，随着探险者的探险和旅游部门的开发，圣保罗地下河逐渐成为巴拉望的一个旅游胜地。

❖ 圣保罗地下河洞口处的岩石

❖ 圣保罗地下河公园指示牌

❖ 沿途的喀斯特地貌

❖ 圣保罗地下河公园入口

圣保罗地下河公园占地面积约 200 平方千米，每天有客流量限制。进入圣保罗地下河公园后，可以沿着猴子小径徒步两小时，沿途会遇到很多猴子，而且这些猴子很霸道，见到行人就会乞讨，不给食物就会直接"抢劫"，行人需要与猴子周旋，才能顺利通过丛林到达码头，然后再乘坐螃蟹船进入圣保罗地下河。也可以进入圣保罗地下河公园后，直接乘坐螃蟹船前往，沿途有雄伟的喀斯特地貌、丰富多彩的钟乳石和石笋，到达一处高耸的悬崖后，崖底有个巨大裂缝，那里正是圣保罗地下河的入口。

❖ 圣保罗地下河

圣保罗地下河全长 8 千米，河里的水很清，航行在圣保罗地下河的螃蟹船像是悬空的一样。进入圣保罗地下河前需要戴上安全帽，以防被岩石碰撞到。洞内有很多蝙蝠，当螃蟹船驶入圣保罗地下河时，会惊起在里面休息的蝙蝠，它们会横冲直撞。这里沿途的光线都很暗，很难拍出理想的照片，但是，随着螃蟹船前行，在昏暗的光线之下，那种神秘感让人终生难忘。

西巴丹岛

西巴丹岛是一个世界级的潜水胜地，其水下世界让每个在这里潜水的人都能感受到其他海域无法获得的视觉盛宴。

西巴丹岛也叫诗巴丹岛，坐落于马来西亚的西里伯斯海上，是马来西亚唯一的深洋岛，地处北纬4°左右，虽近赤道，却甚是凉爽。

西巴丹岛很小，面积仅约4万平方米，它如同一柱擎天，从600米深的海底直接伸出海面，岛屿边缘有绝美的海滩，海滩尽头是深入海底的断崖，水深从3米浅海垂直落下为600米的湛蓝深海。

隆头鹦哥鱼号称"珊瑚粉碎机"，它们的头部前额向前突出，有一排整齐的大板牙，专门啃食珊瑚、贝类、海胆等无脊椎动物及藻类，是礁区细珊瑚沙最重要的制造者。

❖ 隆头鹦哥鱼鱼群

❖ 海底白鳍鲨

白鳍鲨大道的水深为 10~30 米，在这里常能看到 15 条以上的鲨鱼列队游行。

西巴丹岛是潜水者向往的天堂，但是鉴于海洋保护措施，这里每天只允许 120 人上岛，并且还要有潜水证才可以下水。

西巴丹岛不仅限制上岛人数，岛上还不提供住宿，建议留宿至附近的马布岛。

海狼风暴是潜水员对成千上万群聚在一起，如同龙卷风般呼啸而过的梭鱼群的特有描述。

❖ 海狼风暴

西巴丹岛一年四季都适合潜水，水下世界活力无限，从深至浅可以看到形状各异的珊瑚、海葵、海绵、各种热带鱼、海龟、龙虾等，此外，还有由成千上万条海鱼密集形成的鱼群，更有难得一见的海狼风暴，因此，西巴丹岛被誉为"未曾受过侵犯的艺术品"，是全世界潜水人心中的圣地。

西巴丹岛是仙本那最精华的一座海岛，仿佛是专为潜水者创造的，小小的岛屿大小潜点众多，其中比较有名的潜点有 13 个，分别是西礁、北角、码头悬壁、海龟穴、海狼风暴点、珊瑚花园、白鳍鲨大道、中礁、海龟镇、南角、鹿角峰、龙虾窝和悬浮花园。最受潜水者追捧的潜点是海龟穴、海狼风暴点、南角和悬浮花园。

❖ 西巴丹岛美景

三沙永乐龙洞

刷 新 世 界 纪 录 的 蓝 洞

这里的海底突然下沉并形成一个巨大的深洞，从海面上看，这个"深洞"呈现与周边水域不同的深蓝色，这里就是被科学家誉为"地球给人类保留宇宙秘密的最后遗产"的三沙永乐龙洞。

三沙永乐龙洞又名海南蓝洞、南海之眼。它是一个垂直的洞穴，也是全世界最深的蓝洞，深度达300多米，详细深度目前还未能完全掌握，蓝洞洞口像一个大碗，直径有130米，蓝洞呈缓坡漏斗状，下降至20米水深处，内径缩小到60多米，海水深不见底。

三沙永乐龙洞是地球上最罕见的自然地理现象之一，由于这里缺少水循环和氧气，海洋生物很难在里面存活。不过，深潜爱好者在洞内发现了大量的珊瑚礁碎絮状沉积物；科学家们利用潜水机器人在洞底发现了原始生态，有珊瑚和小鱼，还有许多动物的残骸和远古化石。因此，三沙永乐龙洞被科学家誉为"地球给人类保留宇宙秘密的最后遗产"。

三沙市于2012年成立，是我国成立最晚的一个地级市。三沙市的成立也创造了几项中国城市之最，它是中国含海域面积最大的城市，也是陆地面积最小的城市，有"全国双拥模范城"荣誉称号。

"三沙永乐龙洞"有着悠久的传说，海南渔民称此处是定海神针所在地，孙悟空拔去定海神针，留下深不可测的龙洞；有渔民说龙洞是南海的眼，藏有南海的镇海之宝；也有人说这是美人鱼的家；还有人说这是外星人的基地入口；甚至有人认为这是地狱之门。

目前，三沙永乐龙洞未向普通的潜水员开放，如果想要潜水，需要申请并审批通过后才可以下潜。

此前世界上已探明的海洋蓝洞深度排名为：巴哈马长岛迪斯蓝洞（202米）、埃及达哈卜蓝洞（130米）、伯利兹蓝洞（123米）、马耳他戈佐蓝洞（60米），三沙永乐龙洞大幅度刷新了世界海洋蓝洞深度纪录。

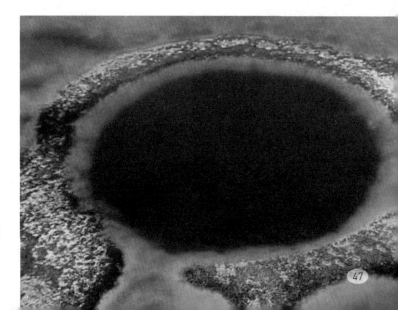

❖ 三沙永乐龙洞

卡普里岛蓝洞

世界七大奇景之一

卡普里岛的海岸多悬崖峭壁，并有多个海蚀洞，更有世界七大奇景之一的卡普里岛蓝洞，岛上还流传着迷人心智的塞壬女妖的故事，给这里增添了许多神秘感。

❖油画：奥德修斯把自己绑在桅杆上

《奥德修斯航海记》中的英雄奥德修斯为了不让自己被塞壬女妖的歌声迷惑，将自己绑在船的桅杆之上，并吩咐手下的水手们用蜡把耳朵塞住，这样才没有被迷惑。

塞壬因与缪斯比赛音乐落败而被缪斯拔去双翅，使之无法飞翔。失去翅膀后的塞壬，常会变幻为美人鱼，用自己的歌声使过往的水手倾听失神，航船触礁沉没。在那里还同时居住着另外两位海妖斯基拉和卡吕布狄斯，共称为塞壬三姐妹。

高尔基在卡普里岛住了7年，当地世外桃源般的风光为他提供了创作灵感，他的3部巨著《童年》《在人间》和《我的大学》都是在这一时期完成的。

卡普里岛位于那不勒斯湾南部，是意大利最昂贵、最奢侈、最浪漫的岛屿，也被世界各地情侣们封为意大利的"白色蜜月岛"。世界七大奇景之一的卡普里岛蓝洞就在这座岛中。

卡普里岛多岩洞

卡普里岛是一座石灰岩岛屿，中间地势较低，四周环山，且临海的一侧多为绝壁。据说，在远古时代，卡普里岛本来与大陆相连，后来由于陆地沉沦，被海水淹没。再后来，非洲大陆同欧洲大陆断裂，地中海中的海

水流入大西洋，使地中海的水位下降，才露出了卡普里岛。卡普里岛属于石灰质地形，岩石峭立，易受海水侵蚀，所以岩石间形成了许多奇特的岩洞。

塞壬三姐妹

　　卡普里岛又被称为"女妖岛"，相传这里居住着女妖——塞壬三姐妹，每当有船只经过这片海域时，她们就会放声高唱魔歌，迷惑水手，使水手们毫无察觉地撞上礁石，最后船毁人亡。传说中，除了希腊神话中足智多谋的奥德修斯未被塞壬三姐妹迷惑之外，过往的水手无一幸免。

❖ **卡普里岛蓝洞**
参观蓝洞的条件：天气晴朗、退潮的时候去，没有风浪。

朱庇特别墅是一座古罗马宫殿，是卡普里岛上12栋罗马别墅中最大、最奢侈的一栋，曾是罗马皇帝提比略在卡普里岛的主要行宫，位于卡普里岛的东北角。别墅后的楼梯直通330米高的提比略悬崖，据说提比略曾在这里把旧爱抛入大海。

❖ **朱庇特别墅遗迹**

卡普里岛蓝洞

在卡普里岛的众多岩洞中，最有名的就是位于岛北部的卡普里岛蓝洞。

卡普里岛蓝洞是一个较大的呈完美环状的海洋深洞，它的洞口很小，只能乘坐小船进入，洞内直径为 0.4 千米，洞深 145 米，由于洞口的特殊结构（洞很深），使洞内呈现深蓝色的景象，当阳光从洞口射入洞内，再从洞内水底反射上来时，晶蓝色的波光闪烁，看上去神秘莫测，如同仙境一般。光源在洞内经过洞壁、海水的多次折射，辉映出幽幽的蓝色，就连洞内的岩石也变成了蓝色，这里也成了世界上最吸引人的潜水胜地之一。

❖ 屋大维

奥古斯都既是罗马帝国第一位皇帝，也是唯一一位名为奥古斯都的皇帝。一般奥古斯都用来指称第一位罗马帝国的皇帝屋大维，但奥古斯都也同样可以用作罗马皇帝的头衔。

相传情人石原本是两个相爱的恋人，因无法在一起而跳入海中殉情，之后就成了这相依相偎的石头。

❖ 卡普里岛的标志——情人石

❖ 提比略

罗马帝国第二位皇帝提比略最后以79岁的高龄病死在卡普里岛。

❖ 卡普里岛索罗拉峰峰顶的奥古斯都雕像

诱惑了两位罗马皇帝

卡普里岛堪称海上仙境，这个称号不是凭空得来的。

卡普里岛的森林、水域、空气、阳光都令人憧憬，曾吸引了全球的名人来此居住，如好莱坞著名影星伊丽莎白·泰勒、世界著名作家霍蒂、美国富豪波顿爵士和苏联作家高尔基等。

卡普里岛不仅吸引了大量的世界名流，据历史记载，它还诱惑了两位罗马皇帝。

奥古斯都在东方战役结束后，归途中在卡普里岛登陆，从此便迷上了这里，不惜以4倍大的伊斯基亚岛换取卡普里岛，但是，奥古斯都仅在周游那不勒斯时来到卡普里岛做了一次短暂的停留，随后便驾崩了。奥古斯都死后，其继承人提比略晚年一直逗留在卡普里岛，凭借与元老院的书信来往这种十分奇特的方式，维持了整整10年的国家大政的运作，直到死都没有离开，可见卡普里岛是多么的迷人了。

马耳他三蓝

蓝 洞 、 蓝 窗 和 蓝 湖

马耳他是地中海中心的一个小岛国，有"欧洲的后花园""地中海的心脏"之称，海洋给了它3件礼物：蓝洞、蓝窗和蓝湖，每一处都能完美诠释人们对"蓝色"的想象。

马耳他共和国由马耳他岛、戈佐、科米诺、科米诺托和菲尔夫拉岛5座小岛组成，面积仅有316平方千米，是个超级小国，却自古就是兵家必争之地。

马耳他是全球最快乐的地方之一，人们生活安逸，游客既能感受静逸的人文古迹，也能体验刺激的深海潜浮，整个国家没有乞丐，即使深夜漫步街头也很安全，在如今乱象四起的欧洲难能可贵。

伊丽莎白二世女王和菲利普亲王成婚后，1949—1951年，两人曾经在马耳他居住过，直至女王回国继承王位。在女王夫妇钻石婚纪念时，两人还特意挑中马耳他作为"二次蜜月"之地。

马耳他位于南欧，在意大利西西里岛南方90千米处的地中海中心，有"地中海心脏"之称。马耳他（Malta）之名源于希腊语"Meli"，意为甜蜜，而马耳他就像滴落在地中海的一颗蜜糖，经过千百年的岁月变迁仍有醉人的甜味。马耳他是个宁静而淳朴的地方，处处是美景，令人惊艳。蓝色海水更是在阳光照射下熠熠生辉，美到夺目，被誉为"欧洲的乡村"。

蓝窗

蓝窗即"蔚蓝之窗"，位于马耳他第二大岛戈佐岛的西北角，是一个由两块大石灰岩崩塌而形成的高约100米、宽约20米的天然大拱门，矗立在地中海之上。蓝窗就像是上帝的窗台一样，当太阳落下山去的那一刻，透过窗户看去，外面是一望无际的蔚蓝色大海，这里曾吸引着世界各地的攀岩者来挑战极限，也曾是美剧《权力的游戏》的取景地之一。

蓝窗在马耳他的大海中存在了上千年，而现在再也找不到它往日的样子了，它只存在于照片中。2017年3月8日上午，由于连日来的大风引起巨浪冲刷，蓝窗骤然倒塌，这一景点永远消失了。整个蓝窗只剩下岸边的窗框和崖下30多个潜点。

蓝洞

马耳他蓝洞是潜水者的好去处，它位于马耳他主岛的东南方向，其标志性的景观是在海水侵蚀作用下形成的巨大的石灰岩水上洞穴群，洞穴最深为60米。洞穴底部没于碧蓝而

剔透的海水之中，水面和水底由很多大小不一的洞穴相连且
纵横交错。

　　马耳他蓝洞是一个让人看一眼就会被诱惑的地方，不仅
洞穴之中充满了魅力，其洞穴群与海岸之间还形成了多个风
景如画的小海湾，每个小海湾都被景色优美的峭壁、岩洞环
抱，不管是水上还是水下，在这里都能感受到马耳他特有的
魅力。

❖马耳他三蓝之一 —— 蓝窗

❖ 马耳他三蓝之一 —— 蓝洞

马耳他蓝洞内有大小洞穴相连，海水碧蓝透彻，是潜水者的天堂，不管是深潜还是浮潜，在这里都能获得极好的享受。

蓝湖

马耳他蓝湖就是蓝色潟湖，位于马耳他的科米诺岛与科米诺托岛（与其相邻的小岛）之间。

蓝色潟湖将海湾与海洋分隔，形成了一个有靛青色的海水，清澈见底、美不胜收的海中湖泊，这是大自然的杰作。

蓝色潟湖的面积并不是很大，这里有白色的沙滩、蓝色的海水、丰富的海洋生物和怪石、溶洞，每天都吸引着大量的游客前来游玩，这里也是许多欧美电影的热门取景地，如《特洛伊》《基督山伯爵》等都曾在此取景。

❖ 马耳他三蓝之一 —— 蓝湖

伯利兹蓝洞

海 洋 之 眼 的 美 妙

伯利兹蓝洞被蔚蓝的海水环抱着，形状近似圆，这个"圆"不是人"画"的，而是上帝遗留在人间的"眼睛"，和大部分人的瞳孔不一样，它非常深邃、蔚蓝，给人一种说不出来的神秘感！

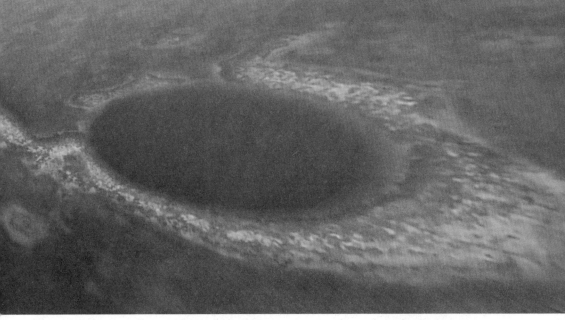

❖ 近似圆形的伯利兹蓝洞

伯利兹这个国家面积很小，总人口也只有 30 多万人，却有世界上最美丽的蓝洞之一——伯利兹蓝洞。

伯利兹蓝洞形成于冰河时代末期

伯利兹蓝洞距离伯利兹外海约 96.5 千米，位于大巴哈马浅滩海底高原边缘的灯塔暗礁处。

巴哈马群岛属石灰质平台，在冰河时代末期，冰川开始融化，导致海平面上升，多孔疏松的石灰质洞顶因海水、重力及地震等，很巧合地坍塌，使洞口与海面平齐，形成海中嵌湖的奇特蓝洞现象。

世界上还有其他的洞穴也被称为蓝洞，蓝洞分为两种：陆地蓝洞和海洋蓝洞。世界上著名的蓝洞除了伯利兹蓝洞之外，还有塞班岛蓝洞、卡普里岛蓝洞等。

伯利兹海域是世界顶级的潜水胜地，不仅有多姿多彩的珊瑚群，还有许多令人兴奋的潜点，如半月礁、特内夫岛和伯利兹蓝洞等。

世界十大潜水胜地之一

1971 年，世界著名的水肺潜水专家、先驱雅各·伊夫·库斯托对伯利兹蓝洞进行了探勘测绘，发现伯利兹蓝洞洞口直径为 305 米，是已知的世界最大口径的蓝洞洞口；洞深 123 米，是已发现的全世界第四深的水下洞穴。伯利兹蓝洞洞口是一个近乎完美的圆形，仿佛是一个美丽的深蓝色花环。洞内钟乳石群交错排列，如一根根的巨型石笋生长在水下，最长的可达 12 米。

伯利兹的 2—5 月属于干燥季节，降雨量比其他季节少很多；6—12 月属于湿润季节，降雨量相对多一些。在夏季，水温通常保持在 27~29℃，冬季平均水温为 25℃左右，非常适合潜水。

伯利兹蓝洞被雅各·伊夫·库斯托认定为世界十大潜水胜地之一。如今，这个蓝色天坑是伯利兹堡礁保护系统区的一部分，被联合国教科文组织列为世界自然遗产之一。

充满魔力的潜水胜地

伯利兹蓝洞由洞口向下，首先是一段垂直而不断冒泡的岩壁，随后岩壁向外扩大，水深 200 多米处的海底洞穴显得神秘幽森，洞穴内有大量的钟乳石，而且越深处水质越清澈，地质构造越复杂。水中还有大量个性温和、慵懒、不主动攻击人的鲨鱼，在此潜水时可以与鲨鱼共游，让人感到有点恐惧。这样的环境并不适合一般的潜水者探访，但是也正因为如此，充满恐惧和未知的伯利兹蓝洞犹如一个充满魔力的磁场一般，成为全球最负盛名的潜水胜地之一，吸引着全世界最勇敢的潜水者前来挑战。

伯利兹蓝洞作为西方人知晓的最佳潜水之地，每年都会迎接大批游客前来游玩，在这里潜水时，不仅可以享受潜水带来的快乐，还能在下层海水中看到大量的珊瑚、海马和梭鱼等。

❖ 伯利兹蓝洞美景

贝纳吉尔岩洞

贝纳吉尔岩洞是一个未经开发的秘境，整个海岸线就像是荒芜的外星世界，遍布高耸的巨石和奇形怪状的悬崖峭壁。

阿尔加维拥有超过 100 个海滩，分布在 155 千米长的黄金海岸线上，著名的海滩有洞穴海滩、阿马多海滩、博德拉海滩等。

贝纳吉尔岩洞位于葡萄牙东南部的阿尔加维海滩边。

与世隔绝的独立空间

贝纳吉尔岩洞是一个与世隔绝的独立空间，也是一个自然形成的海蚀洞穴，曾被评为全世界 50 大奇观之一，贝纳吉尔岩洞所在的海滩就是贝纳吉尔海滩，又名洞穴海滩。人们需要从洞穴海滩通过水路，绕过海边的断崖才能到达贝纳吉尔岩洞。

贝纳吉尔岩洞的洞顶有一个圆形大洞，当阳光射进洞穴时，映衬着金色沙滩和蔚蓝的海水，构成了一处美得令人窒息的奇观。

妙不可言的拱门

沿着洞穴海滩的海岸线继续前行，就可来到阿尔加维海滩上的另一个奇观——拱门。这里的海岸线更加凹凸有致，海水蚕食着壁岩，处处有惊心动魄的洞穴、断崖，断崖下是多个被崖体包围

❖ 贝纳吉尔岩洞

的绵软沙滩。

　　贝纳吉尔岩洞和其周围的洞穴、断崖，都是未经污染的自然风景。在这里，无论是探索洞穴秘境，还是在清冽的海水中游泳，或者爬上崖顶看海上日出，都给人一种远离尘世喧嚣、独享宁静的感觉。

去往贝纳吉尔岩洞，需要乘船绕过这座断崖。

❖ 洞穴外面被断崖包围着

米洛斯岛火山洞穴

深 藏 着 神 秘 与 壁 画

米洛斯岛是全球十大最美丽岛屿之一，这里是发现《断臂的维纳斯》雕像的地方，在众多希腊海岛中，米洛斯岛以独特的人文、历史和层出不穷的火山岩洞而闻名于世。

❖ 米洛斯岛美景

大教堂海滩是《蓝色大海的传说》的取景地之一。

❖ 克利马城古卫城遗迹

米洛斯岛是爱琴海上的一座火山岛，位于基克拉泽斯群岛的西南端，距离雅典约64千米。米洛斯岛的历史悠久，是早期爱琴海文化中心之一。米洛斯岛被湛蓝的大海包围着，可乘船环岛游览，途经很多海滩和洞穴。

活火山、洞穴、弧状沙滩

活火山将米洛斯岛的海岸线分割成一个个天然港口，深度由130米逐渐降到55米，北面一个约18千米宽的海峡将岛分成几乎相等的两部分。

米洛斯岛的岩石中有大量的凝灰岩、粗面岩、硫黄、明矾和黑曜石。在腓尼基时期，这里主要出口的就是硫黄、明矾和黑曜石。

❖ 米洛斯岛海边的洞穴

这种天然的地势，曾使这里
成为海盗藏船的地方，现在
米洛斯岛上还有一些关于海
盗的纪念品售卖。

米洛斯岛上有火山口遗留的空穴，也有人工开凿的矿道，海岸沿线有众多的坑坑洞洞，在这些坑洞之间，大自然鬼斧神工地分布着一些弧状沙滩，充满了原始风味，更让人惊奇的是，这些洞穴中有许多的秘密和壁画，等着人们去发掘。

发现《断臂的维纳斯》的地方

众所周知，《断臂的维纳斯》是古希腊雕刻家阿历山德罗

❖ 卢浮宫的《断臂的维纳斯》雕像

《断臂的维纳斯》是举世闻名的古希腊后期的雕塑杰作，它的两臂虽然已失去，却让人感觉到一种残缺的美，被认为是迄今所发现的希腊女性雕像中最美的一尊。

❖ 米洛斯岛被悬崖包裹的海滩

❖ **米洛斯岛浅水湾**

这是由米洛斯岛火山喷发后天
然形成的浅湾，避风且安全，
很适合游泳。这片海域纯净无
瑕，由于有天然岩石的保护，
海底生物繁多，不少潜水爱好
者都会来此活动。

斯于公元前 150 年左右创作的大理石雕塑。这座雕像于 1802
年 2 月在米洛斯岛的阿曼达城被发现，之后便成为卢浮宫继
《蒙娜丽莎》《胜利女神像》之后的第三件镇宫之宝。

在伯罗奔尼撒战争中，雅典
人曾杀光米洛斯岛上的男
人，欧里庇得斯因此创作了
反战剧作《特洛伊妇女》。

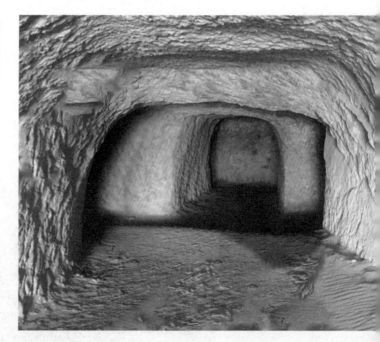

❖ **米洛斯岛洞穴**

米洛斯岛有很多洞穴，有天
然的，也有人工开凿的采矿
洞，至今还有很多洞穴未被
发现，是探秘者的天堂。

圣迈克尔岩洞

上 帝 偷 闲 时 的 画 室

世界上有各式各样的岩洞，有的深、有的险、有的奇、有的怪，圣迈克尔岩洞是其中最特别、最另类的，这里不仅是天然的大礼堂，更像是上帝的画室。

圣迈克尔岩洞是一个天然洞穴，相传《圣经》中提到的圣迈克尔天使曾在此显灵，因此得名。圣迈克尔岩洞位于直布罗陀境内，徒步沿着直布罗陀巨岩下的一条宁静的小路，行至离海平面350米高的地方便可到达。

圣迈克尔岩洞是由许多大小不一的岩洞组成的，其中有一个最大的岩洞，其内部空间巨大，宛如一个天然的大礼堂，是当地进行会展或召开会议的重要场所，全年不定期地会在这个岩洞中举办各种会议、音乐会和演出。

沿着这个天然的大礼堂往下走，有门洞与其他洞穴相连，而且洞穴中有大量的钟乳石和石笋，它们的造型各异，令人称奇，除此之外，洞穴中还有溶洞湖泊，在彩灯水中倒影的衬托下，熔岩颜色不断变化，美轮美奂，堪称大自然的鬼斧神工之作。

圣迈克尔岩洞常被人们怀疑是上帝偷闲时的画室，每年吸引数百万人来此旅游。

直布罗陀是英国14个海外领地之一。从地理位置上看，它似乎属于西班牙的一部分，从1713年至今，英国和西班牙围绕着直布罗陀主权归属的争端，已经超过了近300年。西班牙政府对自己的国土上镶嵌了一块别国的领土耿耿于怀，早已开始了和英国政府的谈判，可是一直没有结果。

❖ 圣迈克尔岩洞

奥尔达海底洞穴

世界上最长的水下"魔法宫殿"

在水蚀作用下，奥尔达海底洞穴形成一段宽阔而幽深的岩溶隧道，使它看起来就像是一座建于水下的魔法宫殿。

❖ 地形非常复杂的奥尔达海底洞穴

想要在这里潜水，必须经过多年的艰苦练习，成为一名经验丰富的洞穴潜水员，而且需要配备又重又贵的设备，才能有幸目睹这个非常独特的、惊人的大自然杰作。

奥尔达海底洞穴位于俄罗斯的乌拉尔西部地区，是在水蚀作用下天然形成的一段 4.83 千米长的岩溶隧道，它是目前世界上已知的最长的水下石膏晶体洞。

千万分之一的奇迹

奥尔达海底洞穴的形成来自诸多巧合，堪称千万分之一的奇迹。大约 2.8 亿年前，乌拉尔山脉曾是一片汪洋大海，随着地壳运动，海水渐渐干涸，在海水干涸的过程中，石灰比盐分先解析凝固出来，随后又因地壳运动，海水填满了这个地区，在近3亿年间不断循环往复这个过程，最终造就了一大片60米厚的石膏地。后来，又因地壳运动，地下水从乌拉尔山脉的裂缝渗入，冲刷溶解了中间的石膏，形成如今的奥尔达海底洞穴。

❖ 奥尔达海底洞穴入口（近景）

无底洞穴

大约50年前，奥尔达村的村民在乌拉尔山脚下发现了奥尔达海底洞穴，刚开始它只是一个很小的洞口，当地胆大的村民进入洞穴后进行多次探索，发现洞穴分水上和水下两部分，呈长条状，蜿蜒曲折且无尽头，因此他们称它为无底洞穴。

从20世纪90年代开始，奥尔达海底洞穴的洞口被挖了一个5米直径的入口，从此被科学家注意并开始了有序的探索，如今探测到洞穴仅水下部分就有5250米长，而且隧道系统形态多样且复杂，有很多分支，每个分支都别有洞天。

洞穴入口原本只是一个坍塌的小洞口，后来为了方便出入被人为地挖大了，或许是进入的人多了，洞口逐渐坍塌成现在的5米大小了。
❖ 奥尔达海底洞穴入口（远景）

潜水者的终极征服目标

奥尔达海底洞穴中有众多的隐秘空间，洞穴里的水温常年保持在大约 5℃，因此，这里不仅成了科学家和探险家的探险考察目的地，还成了潜水者的终极征服目标。奥尔达海底洞穴的水下地形复杂多变，虽然洞室内水温恒定，但是洞外的气温常年变化很大，夏天时可以达到 35℃，冬天则可以达到 −40℃，另外，洞穴曲折且无尽头，洞穴中黑得伸手不见五指，普通潜水者无法在这里潜水，只有经验丰富的潜水员在准备多种防护设备和潜水设备后才能下水。

在奥尔达海底洞穴潜水探险时，每前进一步都必须十分小心，一点儿差错可能就会受伤甚至丧命。

❖ 在奥尔达海底洞穴下潜

❖ 奥尔达海底洞穴的水上部分

芬格尔山洞

芬格尔山洞是一个有大约 7000 万年历史的玄武岩洞穴，长年被海水淹没，在海水的冲刷、拍打下，能演奏出魔幻般的音乐，因而这里成了音乐家、诗人、画家和小说家的灵感宝库。

芬格尔山洞是一个巨大的海蚀洞，位于苏格兰西北部的赫布里底群岛中的斯塔法岛上。

斯塔法岛是一座无人居住的岛屿，周边环绕着玄武岩石柱，它与北爱尔兰的巨人之路一样，是由一系列巨型六边形黑色玄武岩方块组成的，看起来很像管风琴的管子，这些管子有高有矮。这些岩石大约在 7000 万年以前因火山活动出现，后经风化侵蚀而形成。

芬格尔山洞坐落于斯塔法岛崎岖不平的海岸一带，有一条由较短的石柱组成的岩岬通往该地，在山洞入口的附近有一把由玄武岩石柱组成的芬格尔椅，传说任何人坐在芬格尔椅上许 3 个心愿，在将来都会如愿以偿。

芬格尔山洞深 85 米，高 23 米，当地渔民称该洞为"音乐洞"，因为每当潮水涌动，进入或者退出山洞，浪花拍打洞中的花岗岩石柱时，花岗

❖ 菲利克斯·门德尔松

德国作曲家菲利克斯·门德尔松于 1829 年游览斯塔法岛后，创作出人们喜爱的作品《赫布里底群岛》，又名《芬格尔洞》。

维多利亚女王及其王室成员曾在 1847 年到过这里。

❖ 斯塔法岛

岩石柱都会发出巨大的声音，这种悦耳的声响能穿透岩壁，在几里之外都能听到。

芬格尔山洞的结构与众不同，它能够扭曲和放大海浪冲击时发出的声响，从而形成魔幻的乐声，能沁人心扉、摄人心魄，以至于很多诗人、音乐家、画家和小说家都在游历芬格尔山洞后创作出优秀的作品。

苏格兰小说家沃尔特·司各特（1771—1832年）爵士造访芬格尔山洞时说："这是我去过的最非凡的地方之一，已经超过了任何语言的描述能力。它永恒不变地受到海水的冲刷，洞内铺着红色的大理石，所呈现的景象非语言所能形容。"

这个洞穴是由18世纪的苏格兰史诗诗人詹姆斯·麦克佛森（1736—1796年）命名的，它因会发出乐声而得名芬格尔，即盖尔语中"洞穴的旋律"的意思。

❖《芬格尔山洞》——1878年的木刻

英国著名的水彩画家和油画家约瑟夫·玛罗德·威廉·透纳（1775—1851年）乘船途经此地后，被芬格尔山洞发出的乐声震撼了，回去后，在1831—1832年创作了油画《斯塔法岛的芬格尔岩洞》，描绘了一艘汽轮行驶在斯塔法岛附近海面的景象。

❖《斯塔法岛的芬格尔岩洞》——油画

医院洞穴

可 以 治 疗 疾 病 的 洞 穴

比洛岛上的医院洞穴据说可以治疗疾病，它的奇特功效，显得神秘而让人费解，虽然科学界已有了关于它的解释，但终归未能获得一致认可。

在印度尼西亚的比洛岛上有一个既普通又神奇的洞穴——医院洞穴，从外观上看，这个洞穴和其他地方的洞穴没有什么特别之处，但是这个洞穴却能治疗疾病。

疾病会不治而愈

从表面上看，医院洞穴显得很普通，不过当地人无意间发现了这个洞穴的神奇能力，它能治疗关节疼痛或神经衰弱。

因为这个洞穴有治疗疾病的功能，所以吸引来成千上万的来自世界各地的游客和病人。当地岛民更是为了方便访客，在洞中摆放了几十张"病床"，供慕名而来的病患卧床治疗，这个奇特的洞穴俨然成了一家天然医院。

独特的治疗环境

据专业人士分析，可治疗疾病的洞穴并非比洛岛独有，在世界上很多地方都有这样的洞穴，其主要原因是洞穴内的温度、湿度和负离子含量构成了独特的治疗环境。洞穴中的空气在岩石间往返循环，使洞穴内的灰尘和病菌减少，甚至比海边或高山上的空气更加纯净。这样的环境能缓解一些炎症和过敏性疾病，非常有利于病患的身体康复。

第二次世界大战期间，德国绍尔兰地区的人们经常到当地一个防空洞中躲避空袭，时间久了，人们发现这个防空洞对罹患哮喘病、皮肤病、关节病等疾病的人有奇特的疗效——在里面待的时间越长，他们的身体就恢复得越好。

早在19世纪中期，波兰的一位卫生官员发现在地下盐矿工作的人不会得肺结核等呼吸性疾病，就像挤牛奶的女工不会得天花一样，于是他提出利用天然的山洞、地下矿井等地下小气候来治疗呼吸系统疾病，"洞穴疗法"从此诞生。

❖ 比洛岛医院洞穴

动物花洞

动物花洞是一个因常年被加勒比海海水冲刷而形成的狭长的海蚀洞，洞中有大量海葵活动，而这些海葵看上去像花朵，所以被当地人称为"动物花"，这个洞穴也因此被命名为"动物花洞"。

❖ 动物花洞

动物花洞的底部有一块40万~50万年历史的珊瑚岩石、一个不大的水坑以及一些相连的水洼，水中生活着漂亮而迷人的"动物花"。水坑虽然不大，但是可以满足游客在水中与海葵一起游泳的需求，海葵虽然有毒，但是那点毒对游泳者来说毫无伤害。

巴巴多斯对中国游客免签。这个曾经只是英国王室和贵族们专属后花园的遥远国度，因为秀丽风景和迷人风情，正在成为一个越来越有趣的旅行目的地。

动物花洞位于巴巴多斯的圣露西教区的海岸边，四周被海洋环绕，虽然它是由海水冲刷而形成的，但是却比海平面高出了1.8米，这是因为地壳运动，巴巴多斯的陆地每1000年就会升高2.54厘米。

巴巴多斯是一个位于小安的列斯群岛的岛国，面积只有431平方千米，这里风景秀丽，有灿烂的阳光、湛蓝的海水、洁白的沙滩、油绿的树木、绚丽的鲜花、静谧的旅店小楼，简直像一幅迷人的风景画。巴巴多斯海岸边上的动物花洞则是这幅风景画中的秘境，最早于1780年被两个英国探险家发现，之后动物花洞便成为巴巴多斯的典藏风景，动物花洞中的"动物花"更是让每个到此的游客流连忘返。

❖ 海葵

海葵被称作"动物花"，它虽名为花，但其实是捕食性动物，白天伸展着有色彩的部分，使共生藻充分进行光合作用，到了晚上再将触手伸出来捕食。

哈里逊岩洞

巴巴多斯被认为是"人一生必去的 50 个地方"之一，哈里逊岩洞则是巴巴多斯最有特色的景点，也是游客到访最多的地方。

❖ 哈里逊岩洞内的石柱

巴巴多斯特殊的石灰岩地质特征造就了独具特色的自然地貌，这里除了有"动物花洞"之外，还有哈里逊岩洞。哈里逊岩洞最早于 1795 年被提及，但是未被人们重视，并且逐渐被忘记。1976 年，丹麦洞穴学者再次发现了它。1981 年，哈里逊岩洞正式对公众开放，被誉为巴巴多斯最漂亮的自然地质地貌，是当地的旅游名片之一。

巴巴多斯过去是加勒比海盗的老巢，海盗们就是在这里慢慢发展起来的，同时也把巴巴多斯朗姆酒带到世界各地。

71

哈里逊岩洞是因流水常年侵蚀石灰石而形成的，洞穴内部远大于"动物花洞"。哈里逊岩洞中有婀娜多姿、各具特色的石笋与石钟乳，除此之外，还有经由几万年或几十万年形成的石柱，它们在灯光的照射下变得五彩缤纷。

巴巴多斯风景优美，近一半国土是非常怡人的海滩，被誉为"加勒比海上的一颗明珠"。巴巴多斯曾是世界上有名的避税天堂，如今被欧盟列入"避税天堂"的黑名单之一。

❖ 哈里逊岩洞

❖ 巴巴多斯曾是许多非洲奴隶的目的地

好望角石林

孤 独 的 石 头 巨 人

好望角石林是一片巨大的红褐色砂石岩群，它们仿佛是因被上帝惩罚而变成的石头巨人，孤独地伫立在海边。

好望角石林位于加拿大新不伦瑞克省芬迪湾附近的奇内克托湾内，是由芬迪湾潮汐冲击而形成的一片岩石柱群。好望角石林的岩石多为上粗下细，有花瓶岩、象鼻岩、熊状岩等，有的底部还被海水侵蚀成一个个洞穴。

❖ 好望角石林

"Hopewell Rocks"有个意译的中文名字，叫作好望角石，听起来很不错，不过，却丢了英文中的复数词尾，称为好望角石林或许更加贴切些。好望角石指的是这一带海滨山崖旁形状各异的礁石总称，包括最有特色的花瓶岩，以及附近的两处景点：大海湾和钻石岩。

❖ 涨潮时的好望角石林

好望角石林前面是波涛汹涌的大西洋，后面则是高耸参天的原始森林，这里是世界上少有的森林与海洋交汇的地方。整个石林会随着潮涨潮落而出现或消失，特别是涨潮之时，这些奇特的岩石会被海水淹没，只留下红色岩石兀立在湛蓝海洋中。在潮汐涨落中，好望角石林显得非常壮美，令人叹为观止。

❖ 花瓶岩
退潮后的花瓶岩像一个伸出地表的脖子上顶着大大的脑袋。

好望角石林的岩石多为上粗下细的花瓶形状，有的底部还被海水侵蚀成一个个洞穴，人们可以在其中钻来钻去。
❖ 象鼻岩

管风琴岩岛

隐 秘 而 神 秘 的 岛 屿

　　管风琴岩岛坚硬的花岗岩柱如同戈壁般壮美，让每个登岛之人深深地迷上这座古老、神秘又风光绮丽的小岛，有"此生不来此探索一番，必会后悔"的感叹！

❖ 管风琴岩岛

　　管风琴岩岛是一座非常有特色的袖珍岛屿，隐藏在马达加斯加北岸 70 千米处的诺西贝群岛之中。

成百上千根管状玄武岩石柱

　　管风琴岩岛大约形成于 1.25 亿年前的马达加斯加与非洲大陆分离之时，岛上有排列有序、形如巨大管风琴的管状玄武岩自然奇观。

管风琴岩岛有成百上千根管状玄武岩石柱，它们闪着红光直刺天空，其单根最长达 20 米。管风琴岩岛与北爱尔兰著名的巨人之路非常相似，都是由于火山爆发后迅速喷涌而出的岩浆沉积而形成的，树木则像标本一样镶嵌在其中。

美丽的管风琴岩岛

　　管风琴岩岛铜褐色的火山岩上布满了垂直的条纹，大量灭绝的鱼类的化石镶嵌在 4000 万年前形成的管状玄武岩中。此外，在如同荒凉戈壁般的管风琴岩岛上，还顽强地生长着一些植物，甚至还有小树从岩缝中挤了出来，让每个发现它们的游人都无不为之惊叹，在管风琴岩岛附近的海水中潜水时，还能发现由于火山岩剥落而沉浸在海底的化石。

❖ 北爱尔兰著名的巨人之路

岛上栖息着大量的鸟类

管风琴岩岛只是一座长 12 千米、宽 3 千米的无人岛。岛上的岩石缝隙过滤出来的纯净雨水滋养着岛上的植物和大量的鸟类，岛上有全球最珍惜的鸟类之一军舰鸟和濒临灭绝的天空之王——马达加斯加海雕等，还有褐鲣鸟、北方塘鹅和白尾鹲等各种海洋鸟类，它们都将管风琴岩岛作为栖息之地，在此繁衍生息。

管风琴岩岛虽然与巨人之路非常相似，但是这里却非常宁静，游客远没有巨人之路的多，这里每年只有几百位游客乘船到访。正因为交通不便利，才使这里保持着原始的朴素与神秘。

❖ 马达加斯加海雕

管风琴岩岛还是一个潜水胜地，海面下有 300 多种珊瑚和种类繁多的鱼类，包括鳗鱼、梭鱼、石首鱼、金枪鱼，还有灰礁鲨、双髻鲨和锈须鲛等。

管风琴岩岛及诺西贝群岛是军舰鸟唯一的栖息繁殖地，这里最大的军舰鸟群可达 100 对。

❖ 军舰鸟

哈麦林潭叠层石

哈麦林潭叠层石是人类已知的最古老的活化石，在这里游玩时，会给人一种穿越到35 亿年前目睹地球原貌的感觉。

❖ 哈麦林潭美景

哈麦林潭与贝壳海滩一样，海水只进不出，海水的蒸发量远远高于平常水平，海水的盐度足足高出普通海域的两倍。

世界上一些地质学家和古生物学家已广泛运用叠层石组合特征划分晚前寒武纪地层，划分精度达 2 亿年左右。

哈麦林潭位于澳大利亚的鲨鱼湾，距离珀斯约728 千米，距离鲨鱼湾的主要城镇德纳姆约 100 千米。

最古老的生命形式

哈麦林潭海边很不规则地散落着无数棕褐色的石头，这些石头形状、大小各不相同，虽然看起来并不起眼，但是这些石头却是活的，是以蓝藻为主的微生

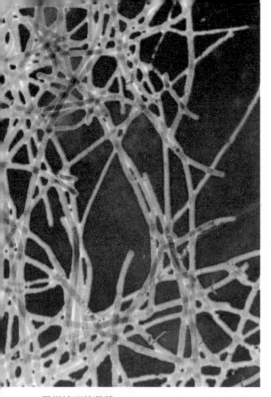

❖ 显微镜下的蓝藻

❖ 哈麦林潭叠层石

叠层石年龄都在 25 亿年以上，成长速度每年仅 0.33 毫米。这种要用亿年为单位来计算寿命的叠层石，是考古中的地质瑰宝。

物的生命形式，而且是地球上最古老的生命形式，具有 35 亿年的历史。它们通过生长和代谢的过程吸收和沉淀矿物质，从而形成叠层状的有机沉积物，其构造通常由一层碎屑层、一层有机层交替叠置而成，因而被人们称为"叠层石"，在哈麦林潭有世界上最丰富多彩的叠层石。

❖ 哈麦林潭栈桥

❖ 哈麦林潭叠层石

按外形划分，叠层石可分为柱状、球状、层状和层柱状等几大类。由于柱状叠层石的形态随着时间的演化而有规律性地变化着，它们可以作为晚前寒武纪地层划分和对比的标志。

有些由叠层石组成的石灰岩具有鲜艳的色彩和美丽的花纹，可作为高级建筑材料使用，如我国北方的元古代地层中即盛产叠层石。

近距离接触古老的生命化石

哈麦林潭如今是世界上知名的叠层石群海洋保护区，这里的叠层石还是世界上为数不多的还在生长的。在保护区的海边，有一座从海岸一直伸向海中的栈桥，栈桥弯弯曲曲地立于哈麦林潭的水面之上，游客可以很方便地站在栈桥上俯瞰桥下隐露在水中的叠层石。

在哈麦林潭近距离接触这些古老的生命，聆听它们发出的亘古的呼吸声，会让人感受到无与伦比的震撼。

有些叠层石是由磷、铁等矿物质组成的，它们本身就是具有工业价值的矿产。

鲨鱼湾由许多岛屿及周边陆地组成，有 3 个独具一格的自然特点：拥有世界上最大的海床（4800 平方千米）和最丰富的海草资源；拥有世界上数量最多的儒艮（海牛）；拥有大量的叠层石。

❖ 儒艮

十二门徒岩

十二门徒岩被大自然刻画得精细入微，惟妙惟肖，犹如达·芬奇画作《最后的晚餐》中耶稣的十二门徒的表情，有的惊恐、有的愤怒、有的怀疑、有的虔诚。

❖ 十二门徒岩

12个"门徒"如今只残留了7个，其他5个在海水常年的侵蚀和冲刷下已经相继"殉教"。

十二门徒岩位于澳大利亚墨尔本西南部约220千米外的海岸沿线，已在海岸旁屹立了数百万年。

大洋路最大的亮点

通往十二门徒岩的必经之路——大洋路，被称为"世界上风景最美的海岸公路"，它建于悬崖峭壁中间，依山傍海，蜿蜒曲折，气度不凡，一侧是澎湃汹涌的大海，另一侧则是郁郁葱葱的青山。

蜿蜒绵长的大洋路海岸线美景迭出，沿途不仅有壮丽的海景、历史性的沉船、被风沙侵蚀的石灰崖、悠闲的田园牧

❖十二门徒岩

场，还有茂密的热带雨林、可爱的野生动物、满眼的奇花异草和幽静的山中小镇，而十二门徒岩是大洋路最大的亮点，也是最美的景观之一。

酷似耶稣的十二门徒

十二门徒岩是一处世界闻名的海岸景点，坐落于维多利亚州的坎贝尔港小镇附近。

十二门徒岩突出于南太平洋，12块经过数百万年的风化和海水侵蚀而成的石灰岩断壁岩石，伴着零星的碎石块，巍然耸立于大海上。这些岩石错落有致，姿态各异，因为它们的数量和形态恰巧酷似达·芬奇画作《最后的晚餐》中耶稣的十二门徒，因此，人们就以十二门徒岩为此地命名。

《最后的晚餐》是意大利艺术家达·芬奇创作的，以《圣经》中耶稣跟12个门徒共进最后一次晚餐为题材。画面中人物的惊恐、愤怒、怀疑等神态，以及手势、眼神和行为，都刻画得精细入微，惟妙惟肖，是所有以此题材创作的作品中最著名的一幅。

❖《最后的晚餐》——油画

饱经风霜

十二门徒岩巍峨而巨大，在惊涛骇浪中巍然屹立，如同一个个顶天立地的巨人，雄伟壮观，气势磅礴，十分扣人心弦。当万丈霞光从石柱间穿透而过，照射在饱经风霜与沧桑的悬崖与海岸植物上时，那种景象简直美不胜收。

十二门徒岩会随着日出或日落的阴影而逐渐变幻，或深沉辉煌，或沧桑悲壮，令人心潮澎湃，常让人有跳下去的冲动，难怪海岸边有警告牌：到此为止，别太亲近了。

更显沧桑和悲壮

随着太阳西移，从十二门徒岩岸边的悬崖走下长70多米的台阶到达海滩，站在辽阔的海滩上仰望绝壁，海浪拍击着海岸，整个海滩被夕阳染成血色，更显得壮丽辽阔。沐浴在夕阳中的十二门徒岩高矮不一、错落有致，恍如一群日落而息的渔人朝着远方缓缓前行。

夕照中，层层白浪不断冲刷着海岸，十二门徒岩更显沧桑和悲壮，它们饱受狂风海浪侵蚀的身躯巍然耸立于海面上，让人情不自禁地感叹大自然力量的伟大和人的渺小。

❖ 不同角度的十二门徒岩

站在崖边，你能感受到海风的力量，汹涌的海浪排成排，不停地拍打着海岸，周而复始、亘古不变。

海浪对这些石灰石侵蚀的速度大约是每年2厘米。随着侵蚀作用的进行，旧的"门徒"不断倒下，而新的"门徒"不断形成。专家研究说，十二门徒岩总有一天会消失殆尽，但在那之前，它们还将矗立几百年甚至几千年。

❖ 晚霞中的十二门徒岩

洛克阿德大峡谷

　　洛克阿德大峡谷的地理环境独特，海浪特别凶猛，峡谷中被海水和海风侵蚀得千疮百孔的岩石透着淡淡的悲凉。

　　洛克阿德大峡谷位于澳大利亚墨尔本西南部约220千米外的大洋路的海岸线上，距离十二门徒岩只有2千米。

巨大的岩石围成的海湾

　　洛克阿德大峡谷是根据1878年著名的"洛克阿德"沉船事件命名的，也被称为沉船谷。来到洛克阿德大峡谷，第一眼看到的就是由两块巨大的岩石围成的海湾，在两块巨石之间有一道狭小的缝隙（峡谷）与外面的海洋连通。每当涨潮或退潮时，汹涌的海水就会不断地冲击缝隙，发出令人震撼的响声，因此，这个缝隙（峡谷）也被称作雷声洞穴，是洛克阿德大峡谷中最有名的景点。

❖ 洛克阿德大峡谷中的溶洞

❖ 洛克阿德大峡谷观景台

❖ 洛克阿德大峡谷的峭壁

❖ 通向外部的狭小出口

这片海滩被锁在一个封闭的"大院子"里，面对的是高高的峭壁，只有一个狭小的出口通向外部。

天然避风港

　　洛克阿德大峡谷内是一片开阔地带，四周是地势险峻的海岸，每一处都是不一样的悬崖峭壁，环抱着非常美丽的海滩，沿着松软的海滩向下便是湛蓝的大海，这里不但没有大风大浪，海风也格外的温柔，海水非常平静，是一个天然避风港。

　　沿着海滩向上便是峭壁，在峭壁的底部有一个超大的溶洞，溶洞的整个穹顶布满垂直而下的钟乳石，让人不禁感叹大自然的神秘与壮美。

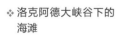

❖ 洛克阿德大峡谷下的海滩

洛克阿德大峡谷栈道中有一个地方可以下到海滩，峡谷中的海滩是大洋路最美的地方。

溶洞外不远处有一条弯弯的栈道，一直通向悬崖顶部，汇聚成一条主栈道，主栈道又分出来很多栈道，每条栈道长 1~2 千米，都标记了洛克阿德大峡谷的游览路线，站在悬崖顶部的栈道上，可以俯瞰洛克阿德大峡谷的每个角落。

❖ 汤姆和伊娃——剧照

洛克阿德大峡谷海滩上的黑、黄两块石头非常受人喜欢，这两块海中巨岩之前是连在一起的拱门，但是十几年前坍塌了，留下两块独立的岩石，如今被命名为"汤姆和伊娃"。

"洛克阿德"号海难

1878 年，19 岁的水手学徒汤姆·皮尔斯和随同家人移民澳大利亚的 19 岁的爱尔兰女孩伊娃·卡迈克尔等 54 名乘客及船员，乘坐"洛克阿德"号由英格兰出发前往墨尔本，船行至洛克阿德大峡谷附近时遭遇海难，船只沉没后，汤姆被大浪冲上峡谷岸边，并在听到同船的伊娃的呼救声后救起了她，随后汤姆爬出峡谷，向当地人发出了求救信号。后人为了纪念这些遇难者，在峡谷边修建了 52 座坟墓，并将这个地方起名为洛克阿德大峡谷。

汤姆是一个航海爱好者，虽然经历了"洛克阿德"号海难事故，死里逃生，但他还是选择继续航海，之后在一次航海过程中不幸遇难，而那位被汤姆救起的伊娃则活到了 80 多岁后才离世。

❖ 关于沉船的介绍

Two Survivors

Historic Glenample Homestead and Warrnambool's Exciting Flagstaff Maritime Museum tell more of this story.

Only two of the 54 people on board the Loch Ard survived: 18 year old Eva Carmicheal, one of a family of eight Irish immigrants, and ship's apprentice Tom Pearce.

After the ship went down Tom drifted for hours under an upturned lifeboat. When the tide turned at dawn, he was swept, bruised and battered, into this gorge. Shortly after reaching the beach he heard cries from the water, and saw Eva clinging to a spar.

Tom quickly swam out and struggled for an hour to bring her to the beach. He sheltered her in the cave and revived her with some brandy. Then, exhausted, they both slept.

Upon waking, Tom climbed out of the gorge to search for help. He came upon two stockmen from nearby Glenample Station.

The 86 Hugh Gibson, made immediate arrangements to get Eva out of the gorge and back to the safety of the homestead.

Tom Pearce

Eva Carmicheal

View of the gorge into which the survivors were washed

Glenample Homestead
Check Port Campbell Visitor Information Centre for opening times
call 5598 6089

Sign 3 THE WRECK OF THE LOCH ARD
Follow the markers ▲ to the four shipwreck signs.

摩拉基大圆石

可可西海滩不仅有细腻的沙滩、盘旋的海鸟、在海边闲逛的企鹅，还有一种巨大而奇特的大圆石散落在海滩之上，这些圆石不像是来自地球，反而像是来自某个未知世界，让每一个到访者都不禁感慨大自然的神奇。

❖ 海滩上散落的大圆石

摩拉基大圆石位于新西兰南岛东南部的奥塔哥海岸线上，坐落于距离奥玛鲁镇以南40千米的可可西海滩上。

50 余个巨大的球形石头

在可可西海滩靠近摩拉基的地方，有50余个巨大的球形石头，它们散落在风光旖旎

❖ 奥玛鲁镇的建筑

奥玛鲁是位于太平洋东岸的一个小城，在19世纪晚期，它因淘金、采石和木材加工而繁荣一时，时过境迁，现在变得有点萧条和冷清。

奥塔哥位于新西兰南岛东南部，面积约 1.2 万平方千米，是新西兰第二大地区，首府是但尼丁。

的海滩上，远远看去就像是一个个巨大的恐龙蛋，形成了一道独特而亮丽的自然景观，这就是有名的摩拉基大圆石。

这些球形石头凌乱地趴在沙滩上，任由海水起伏、拍打，没有人知道它们经过了多长的岁月洗礼，如今已经分化成各有特色的圆石：有的是中空的，敲击时会发出回声；有的中间非常坚硬，里面甚至有一些生物化石；有的呈网纹状结构，看上去像龟背一般；有的光滑无比，好似有人专门打磨过一般；有的已然开裂，好似欲要破壳的石蛋。

摩拉基是一个能让人完全沉静下来的小渔村，依海而建，宁静怡人。

未解之谜

这些摩拉基大圆石直径最大的达 2 米，最小的也有将近半米，它们的外壳是一层十几厘米厚的石灰岩，里面则大多是黄褐色的结构。有学者认为，它们只是一些结构奇特的大

❖ 一排大圆石

❖ 破裂的大圆石

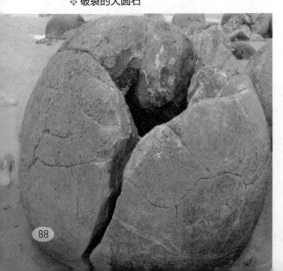

❖ 网纹状大圆石

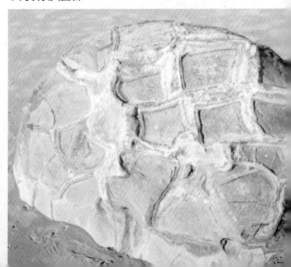

石头经过长久风化后形成的；也有学者认为，这些大圆石至少形成于400万年前；还有学者则认为，它们形成于6500万年前，但具体是如何形成的、形成于什么时间，一直众说纷纭，仍是一个未解之谜。

魔鬼船的古老传说

科学不能完全解释的事物，总会被传说诠释，按照当地原住民毛利人的古老传说，很久以前，有一艘满载着葫芦、红薯、鳗鱼篓等货物的魔鬼船，行至可可西海滩附近的摩拉基时，被风浪打沉，船上的葫芦、红薯、鳗鱼篓等被海水冲上海滩，变成了巨大的圆石，而被海浪打散架的魔鬼船的龙骨则变成了曲折的海岸线，船身则变成了周边隆起的海岬。

不管真相如何，这些巨大的圆石总少不了海浪的打磨和蚀刻，它们会随着潮水或显现，或隐没，或半露于水面。在日出或日落之时，它们在阳光的照耀下熠熠生辉，璀璨夺目，吸引着无数远道而来的游客来此寻幽探秘。

❖ 摩拉基大圆石
它们是在海边被海风、海浪洗礼过的石头，只是由于它们太圆了，所以才非常著名。

布道石

只 属 于 少 数 人 的 风 景

布道石是由大自然鬼斧神工劈出的悬崖绝壁，突兀地直立于峡湾深处的崇山峻岭中，非常壮观，这里是勇敢者和冒险者的天堂。

❖ 直插入峡湾的布道石

布道石是挪威的峡湾旅游标志，它被美国有线电视新闻网（CNN）等评为"全球50处最壮丽的自然景观之首"。

❖ 布道石指示牌

布道石被认为是史前时代古挪威人祭祀的场所。

布道石又称为普雷克斯多伦，是一座直插入峡湾的悬崖断壁，它地处挪威西海岸斯塔万格市的吕瑟峡湾中部，是一块由于冰川运动而形成的巨岩，因为顶部有一块25米见方的方形岩石，形状类似教堂牧师布道时的讲台而得名。

布道石虽身处吕瑟峡湾，但是交通非常方便。到达斯塔万格市老城后，沿着市内的街道一直走，街道两旁是五颜六色的建筑，看上去非常卡通且富有童话色彩，街道尽头就是大巴车站和小港口，可在此选择坐车或乘船前往布道石。

布道石非常壮观，它与下方蜿蜒的吕瑟峡湾的垂直落差达604米，而且这里的气候变化无常，暴风总是会不期而遇，因此，要想站在布道石上看风景，需要足够大的胆量和勇气。一些恐高的游客都不敢在布道石上站起来，只能坐着甚至趴着往前挪

斯塔万格市是挪威第四大城市，人口近11万人，为挪威古城之一。它始建于8世纪，1810年一个法国人在斯塔万格市建立了第一个沙丁鱼罐头加工厂后，城市发展迅猛，最后成为欧洲最大的沙丁鱼罐头加工基地。

雨果曾于1866年来到此处游览，并留下优美的诗篇。

❖ 通往布道石的红色"T"字标记

通往布道石的登山径全长 3.8 千米，从起点开始有大约 330 米的上坡，沿途都有红色 T 字标记，从起点来回需 4~5 小时，中等强度。

❖ 布道石又称悔过崖

布道石也被人们称为"悔过崖"。不管是为"刺激"，还是为"悔过"而来，站在悬崖平台顶端，蓝天、碧水、青山汇于一体，可以让人尽情品味吕瑟峡湾的雄奇与壮美。

动，一点点、小心地靠近岩石的边缘。不管是谁，真正站到这座高耸的悬崖断壁上时，都会被眼前壮观的景象震撼。

有些风景注定只属于少数不惧艰难、喜欢冒险的人，布道石就是这样的地方，它属于冒险者的天堂，是勇敢者的标志。

乘船或者坐车只能到达布道石山脚下，到达布道石顶的平台需要 3~4 小时，途中没有餐厅、商店和厕所，所以登山前需要提前做好准备，否则很容易半途而废。

❖ 布道石登山道路

电影《碟中谍6》曾在布道石举办首映礼，2000 名观影者徒步登上布道台观看了该片。在《碟中谍6》中，汤姆·克鲁斯徒手攀爬的悬崖就是这块布道石。

❖ 剧照《碟中谍6》中主角徒手攀爬的悬崖

巨人之路

令人震撼的玄武岩石柱

巨人之路岸边堆满了六边形岩石柱，以井然有序、美轮美奂的造型从峭壁伸至海面，其威猛磅礴的气势令人叹为观止。

❖ 巨人之路上的玄武岩柱

贝尔法斯特是北爱尔兰的最大海港，始建于1888年，自1920年起成为北爱尔兰的首府，是北爱尔兰政治、文化中心和最大的工业城市。

巨人之路位于大西洋海岸安特里姆平原的岬角处，距离北爱尔兰的贝尔法斯特西北约80千米，它是北爱尔兰著名的旅游景点，也是北爱尔兰大西洋海岸最具有特色的地方。1986年被联合国教科文组织评为世界自然遗产。

约有4万根石柱

巨人之路包括低潮区、峭壁以及通向峭壁顶端的道路和一块高地，峭壁平均高度为100米，由大量玄武岩石柱排列聚集，形成石柱林，气势壮观。

组成巨人之路的石柱总计约有4万根，包括六边形或五边形、四边形的玄武岩石柱，这些石柱的截面宽度为0.37~0.51米，最典型的石柱的截面宽度约为0.45米。

这些玄武岩石柱长短、高矮不一，有的高出海面6米以上，其中最高的石柱高出海面12米左右；也有的隐没于水下或与海面高度持平。此外，这些玄武岩石柱的形态各异，人们按照它们的形状，冠以形象化的名称，如巨人、风琴、大酒钵、烟囱管帽和夫人的扇等听上去十分有趣的名字。不仅如此，这些玄武岩石柱绵延约8千米长，连绵有序地从峭壁伸至海面，呈阶梯状延伸入海，被视为世界自然奇迹。

巨人之路的传说

　　巨人之路又被称为巨人堤、巨人岬、罪恶的堤柱等，这些名称来自爱尔兰的民间传说。传说，远古爱尔兰巨人芬·麦库尔受到苏格兰巨人贝兰多的挑战，芬·麦库尔为了和苏格兰巨人决斗，他开凿石柱，把石柱一根又一根地搬运至海底，将海底填平，铺成通向苏格兰的堤道，去与苏格兰巨人交战，后来堤道被毁，只剩下现在的一段残留。

❖芬·麦库尔

　　据说芬·麦库尔为了和苏格兰巨人决斗，千辛万苦修筑好巨人堤，却发现苏格兰巨人比自己高大很多，于是不敢发起决战，可是又不甘受辱，所幸他聪明的妻子出了个主意，让芬·麦库尔装扮成婴儿躺在摇篮里，当苏格兰巨人看到芬·麦库尔后，心想，他的孩子都这么大，那他的父亲不知有多巨大，吓得赶紧跑回苏格兰了。随后，芬·麦库尔就毁掉了亲手铺设的巨人堤。

巨人之路虽然没那么有规则，但是自然形成的更显得壮观。

❖巨人之路

❖ 巨人之路美景

还有一个传说则非常浪漫，相传爱尔兰国王军的指挥官巨人芬·麦库尔，爱上了一位住在内赫布里底群岛的姑娘，为了接她到巨人岛来，于是建造了这条堤道。

一种天然的玄武岩

事实上，组成巨人之路的是一种天然的玄武岩，它是由于大西洋地壳开裂，炙热的岩浆喷涌而出，遇海水迅速冷却凝固而形成的，也就是冰与火交相共舞的结晶。

千万年间，这些玄武岩石柱受冰川的侵蚀和大西洋海浪的冲刷，海浪沿着石柱间的断层线把暴露的部分逐渐侵蚀掉，松动的石块则被海水搬运走，因而使巨人之路呈现台阶式外貌的雏形，再经过千万年的侵蚀、风化，最终形成了玄武岩石堤这种高低参差的奇特景观。

巨人之路是柱状玄武岩石这一地貌的完美表现，这些巨大的玄武岩石柱在海岸边绵延起伏，远远望去，如同山岳一般壮美。

分裂苹果岩

在西方神话中，海神波塞冬不仅野心勃勃，而且好战，他不满足于拥有的权力，向天神宙斯发起挑战，宙斯大怒，举起巨剑劈向海神，海神乘坐海浪避开了劈来的剑，剑锋将海边的一块苹果形巨岩劈开了，就成了如今的分裂苹果岩。

分裂苹果岩位于新西兰南岛马拉霍的阿贝尔·塔斯曼国家公园内，是一处非常受欢迎的旅游景点。

顾名思义，分裂苹果岩的外形如同一个从中间剖开的苹果。新西兰南岛以花岗岩为主，分裂苹果岩也是以花岗岩为主体的岩石，经过海风长时间的风化剥离，形成特殊的球状。再经由长时间的海水冲刷和热胀冷缩，岩石内部应力发生变化，超出承受范围，发生岩爆，沿着纹理裂开成两块半圆形的岩石，经过风化后，最终形成人们现在看到的分裂苹果岩的样子。

大自然是神奇的，它创造了万物，也赋予万物以生命，人们在感叹造物主神奇的同时，也观赏到了这无与伦比的美景。

❖ 海神波塞冬

阿贝尔·塔斯曼国家公园是新西兰规模最小的国家公园，但却是休闲放松及探险猎奇的不二之选。

如此造型独特的石头，若不是地处新西兰，说不定会有人怀疑它是齐天大圣孙悟空的出生地。

❖ 分裂苹果岩

圣母岩礁

热带海边惯有的碧海、蓝天、白沙、椰林，在圣母岩礁周边一样也不少，这里的海水清澈而透明，圣母岩礁在阳光照射之下犹如碧玉镶嵌在白沙滩之上，景色绝美。

❖ 长滩岛如一根长长的骨头

长滩岛岛西的海面平静，坡度平缓，游人可以在这无风的环境下游玩休憩；岛东却是白浪推涌，踏浪的人们踩着舢板，拖着巨大的海风筝在浪涛中搏击，就像拖一大群在空中飞舞的五彩弯月。

长滩岛整体呈狭长形，它犹如一块骨头，两头大、中间窄，最窄处只有1千米左右。整座岛的面积虽然仅有十几平方千米，却有7千米长的海岸线，上面布满各色海滩。圣母岩礁是长滩岛上的标志性景点，位于长滩岛白沙滩的海边。

长滩岛白沙滩

白沙滩位于长滩岛的西岸，从南到北延伸，沙滩上的白

沙是由大片珊瑚磨碎后冲刷而成的，沙滩平缓舒展，沙子洁白细腻，即使在骄阳似火的正午时分，沙子也不会形成刺眼的洁白色，而呈现银白的珠光色，若是光脚踩在沙滩上，会有一丝清凉之感。

白沙滩又被称为星期五沙滩，这里属于高档酒店区，游客较少。

❖ 布拉波海滩

布拉波海滩在白沙滩的对面，从白沙滩步行 10 分钟即可到达。这里比较安静，由于风浪经常很大，现在是水上运动的天堂，如风筝冲浪、滑浪风帆等，每年都会举办冲浪比赛。

❖ 长滩岛白沙滩

❖ 圣母岩礁上的圣母像

❖ 海中的圣母岩礁

圣母岩礁

卢霍山是长滩岛最高的地方，海拔100米，虽然不高，但很难攀登，而在山顶可以俯瞰全岛风貌，可360度无死角欣赏绝美海景！同样可以看到圣母岩礁的美景。

❖ 卢霍山山顶观景台

在白沙滩的北端海边孤独地耸立着一座巨大的岩礁，因为当地居民在上面供奉了一尊圣母像，所以取名圣母岩礁。

涨潮时，圣母岩礁便会浸在大海之中，宛如一叶小舟，仿佛随时都有被海水吞没的危险，这时，圣母岩礁周围成了浮潜、游泳者的天堂，人们可以透过清澈见底的海水，看到海底的生物。

当退潮时，圣母岩礁便会与白沙滩相连，此时圣母岩礁可以与岸边来去自如，戏水、浮潜的人们便可登礁休息，参拜圣母像或眺望整片白沙滩。

除此之外，还可以沿着白沙滩徒步去往北部或南部，攀爬那些海拔不过百米的小山，也可以穿过白沙滩背后的蜿蜒小路进入雨林，探寻藏匿在雨林中的村庄，不失为一种轻松而有趣味的旅行。如果时间允许，在这纤尘不染的地方过上几天与世隔绝的日子，实在是人生一大美事。

渔寮音乐石

能 发 出 美 妙 声 音 的 石 头

渔寮沙滩烟波浩渺，素有"东方夏威夷"之称，这里的海滩上有一种奇特的石头，轻轻敲击，伴随着海风能发出美妙的音乐声，让人百思不得其解。

渔寮音乐石位于浙江省苍南县南部的渔寮乡境内的渔寮沙滩中部，渔寮沙滩则东临大海，南接霞关，北壤赤溪，西毗马站。

渔寮音乐石

渔寮沙滩平坦宽广，呈新月形，全长2000米，宽800米，具有山青、水碧、沙净、海阔、浪缓、石奇等特色。它就像一块平铺着的地毯，走在上面柔滑而硬实。

❖ 渔寮沙滩

❖ 音乐石

在渔寮沙滩的中部散落着许多大小不同的石头，这些石头看着平常，但是，当人们拿起石头，叩击石头不同的部位时，石头便会发出五音七律，如大鼓、小鼓、小锣等发出的不同声音。原来石头是空心的，如同木鱼一样，能敲打出美妙的声音。

黄九师公的传说

相传，很久以前，村民黄阿洋家有一口很浅的古井，有一天，古井里的水如泉涌，变得很汹涌。黄阿洋觉得奇怪，于是就跳进古井里一探究竟，发现古井底有一条路，便顺着这条路一直来到吕山。

黄阿洋见到了吕山老母，原来是吕山老母召唤他来此学习降妖伏魔的法术。

黄阿洋学法 3 年后，吕山老母送给他一件乐器，并派一只大神龟送他回家，黄阿洋到达渔寮沙滩后，上岸时随手将乐器放在沙滩的礁石上，没想到石头受乐器感应，发出五音七律。

❖ 大乌龟岛

黄阿洋回家后便利用法术为当地村民降妖避邪，因为他在兄弟之中排行第九，所以人们便称他为"黄九师公"。

大乌龟岛

在渔寮音乐石对面 800 米处有一座小岛，它的外形好像一只大乌龟遨游在大海上。传说这就是那只送黄阿洋回家的大神龟，它因为迷恋渔寮的美丽风景，所以不愿回去了，从此便永远地留在了渔寮。

❖ 渔寮"天下第一鲜"——文蛤

渔寮宽阔平坦的沙滩上养有"天下第一鲜"——文蛤，因为没有污染，此地出产的文蛤是日本指定进口的海产品。

老君岛五彩礁石

　　老君岛上遍布五彩斑斓的礁石，上面布满红、白、黄、绿、蓝、紫等色块和色纹，犹如富有神韵的天然岩画，象形奇特，令人遐思。

❖ 老鹰岛

当地人将老君岛称为老鹰岛，因其从某一个角度看，特别像一只收拢翅膀休息的雄鹰。

　　老君岛别称老鹰山、老君礁，位于浙江省温州市苍南县赤溪镇东，与渔寮沙滩相邻，是一座近岸小岛，面积仅 0.02 平方千米，最高点 50.6 米。整座岛上最具特色的就是五彩斑斓的岩石（礁石）。

孙悟空打翻了炼丹炉

❖ 老君岛五彩礁石

　　老君岛与大陆海岸线的最近处约相距 500 米，其中 2/3 为五彩礁石，该五彩礁石结构镂空，似园林中常常使用的太湖石，具有极高的欣赏价值。相传，孙悟空打翻了太上老君的炼丹炉后，炉水掉落在海里而形成了此岛，岛上还根据这个传说建了一座孙悟空的大圣庙。

❖ 太上老君的"照妖镜"

太上老君的"照妖镜"

老君岛东侧有一块直径
4米的巨石，呈石榴状，黄
白相间的底色上奇异地镶嵌
着红色流纹，传说这是太上
老君的"照妖镜"所化，特
意留在岛上降伏海魔，保护
渔民出海平安。

除此之外，老君岛上还
有许多天然石洞、石窟，怪
石嶙峋，伴随着老君下凡、
八仙过海、神猴拜观音、老
君垄、湖井龙潭通老君等美
丽动听的传说，让每个登岛
之人都会回味无穷。

❖ 老君岛奇石镜
一幅幅天然岩画酷似甲骨文，又像东巴符号和玛雅人的文字。

❖ 老君岛大圣庙

荣成花斑彩石

荣成花斑彩石是我国海岸线上唯一集海蚀柱、海蚀纹、海蚀浮石为一体的海上奇石。此石体积巨大，造型奇特，色彩艳丽，花纹多变，独具神韵，早在清朝道光年间就被誉为"荣成八大景"之一。

在距离山东成山头 10 千米处的烟墩角天鹅湖（海湾）西岸潮间带的礁石滩上，有一块巨大的礁石——荣成花斑彩石，号称"中华海上第一奇石"，这个礁石滩也因它而得名花斑石滩。

来自寒武纪时期的火山喷发

花斑彩石位于距海岸线 50 多米的地方，是由寒武纪时期火山喷发的凝灰岩形成的花斑彩石海蚀柱，它长约 35 米、宽

❖ 中华海上第一奇石

约 20 米、高约 9 米，总体积 7000 立方米。花斑彩石为赤、橙、黄、白、青 5 种颜色相互融合并协调自然，上面的花纹与线条多变，外形奇特，曲直流畅，色彩艳丽，立体感极强，是一种非常典型的海蚀地貌景观。

花斑彩石是块神石

相传火神祝融与水神共工大战时，共工撞断不周山，使天塌地陷，山河泛滥，女娲为救万民，用五彩石补天时不慎遗落了一块在海边；也有传说是女娲补天时，不小心将她的靴子掉落于此，因此，也有人将荣成花斑彩石称为"女娲靴"。荣成花斑彩石不仅颜色奇妙，在传说中还具有极其灵验的神力，相传秦始皇东巡到东山成山头，祭拜日主的时候，慕名而来，专程礼拜花斑彩石，回朝后果然天下太平，事事称心。

现代著名书法家王同光到此游览之后欣然挥笔："玛瑙琥珀堆成，文章云锦织出。鬼斧神工难就，世人惊叹绝睹。"

❖ 女娲补天——彩盘釉画

❖ 通往花斑彩石的小桥

荣成花斑彩石是一部神话传说集

从花斑石滩有小桥一直通往不远处的花斑彩石，当来到花斑彩石之下，它每个角度的形状都各有千秋。据当地人介绍，花斑彩石上变幻莫测的图案、造型，每一处都有一个神话故事：凹陷岩坑被称为"洗澡盆"，传说是龙王妃子洗澡的地方；犹如"太师椅"形状的地方，传说龙王坐上去就能呼风唤雨；还有"三仙姑的梳妆台""嫦娥奔月""万年古树"等，细品每一处图案背后的神话故事，犹如一部神话传说集。

❖ 花斑彩石

棋子湾

　　棋子湾的沙滩又细又软，海岸上怪石嶙峋，海湾内布满了七色石块，慕名而至的历代名人众多。除此之外，这里还流传着许多美丽、神奇的传说。

　　棋子湾位于海南岛西海岸的昌江西部，海湾呈"S"状，湾长20多千米，是海南岛西海岸的最美海湾。棋子湾属海南西线旅游带，相比于海南东线的热闹，西线明显安静许多，不过这里依旧是网红们最爱的打卡地之一，也是历史上风雅之士的打卡地之一。

棋子湾在昌化镇北3千米处，距离昌江县城石碌镇55千米。

历代造访过棋子湾的名人有苏东坡、赵鼎、郭沫若……他们被美丽神奇的景色所吸引，留下了脍炙人口的诗篇。

❖ 棋子湾奇石

❖ 棋子湾散落在海边的奇石

棋子湾的名字大有来头

棋子湾弧形的沙滩宛如棋盘，湾内红、蓝、绿、黄、白、紫、青七色石块如星罗棋布，块块光滑润洁、晶莹透亮，人们因此将其称为棋子湾。

关于棋子湾的名字还有一个神话传说：相传有两位神仙在海边比棋，他们从清晨一直下到中午，烈日下两位神仙又饿又渴，但谁也不愿服输。有一位路过的渔民拿来了酒肉和茶水，供两位神仙消饥解渴。下完棋后，两位神仙想要重谢渔民，但渔民早已离去，寻不到踪影了。为了感谢渔民的热心肠，两位神仙便将棋子撒入大海里，变成奇石秀岩层叠至岸，从此以后，这里风平浪静，鱼虾丰盛。

大角、中角和小角

在海南，人们会很自然地联想到"天涯海角"，不过，可能大家都不知道，海南不仅有"天涯海角"，还有棋子湾的海角，它由3个面向北部湾的海角组成，被当地人称为大角、中角和小角。

大角又称为"浪漫海角"，在大角海岸线上有到海边观景的木栈道，在木栈道上徒步不仅可欣赏岛上的礁石和海滩，

❖ 大角木栈道

还可以观赏到仙人掌、野菠萝、红树林和海岸边林立的奇石，如帆船石、笔架山等。

中角又称峻壁角，位于大角与小角之间，这里的风景与大角相似，海岸奇峰林立，怪石嶙峋多姿，有经海浪淘洗和冲刷后留下的棋子篮、恐龙石、狼牙山、观鱼石、怪石群、祭海石（观音石）等奇特的天然海岸地貌景观。不过，中角最值得提起的地方就是峻壁角，它不仅是中国领海基点方位点，也是每个来此旅游的人必到的打卡之处。

❖ 峻壁角

从大角到小角约有 5 千米，沿木栈道穿过木麻黄防风林便可到达小角海湾。小角的海滩和奇石都不如大角，但是小角是棋子湾观赏日落的最佳地点，也应该是中国观赏"海上落日"最理想的位置之一。夕阳西下，落日变幻出奇瑰的景象，在这里整个落日过程一览无遗。

❖ 小角与中角之间的导航灯标

三盘尾

在三盘尾可以在大草坪上躺着，也可以沿着海堤走一圈，看大海、渔船、天空，吹海风，更可以坐在礁石上发呆，欣赏洒落在海边的奇岩怪石。

三盘尾位于浙江省温州市南麂岛的东南端，因形似三个盘子若即若离地漂浮在海面上而得名，而使其闻名于世的却是海边众多的怪石。

奇岩怪石

在三盘尾山上，两峰间的山坡都向中间倾斜，形成一个5亩左右的草甸，上面长满了细软碧绿的青草，如被一块绿色地毯覆盖着。

三盘尾的面积不大，但断崖处怪石嶙峋，傲然挺立，风光奇特。在三盘尾的海湾里有一大片颜色不同、形状各异的

❖三盘尾连绵不绝的草甸

❖海上珍珠

岩石，在阳光照耀下，这些红色、白色、圆形、椭圆形的岩石，像珍珠一样闪闪发光。著名数学家苏步青当年来到此地游览时，曾称之为"海上珍珠"。

千百年来的潮汐和海风把三盘尾岗坡上裸露的巨石切割、打磨成各种形态，这里不仅有"海上珍珠"这样的奇景，还有熊猫听涛、飞来石、石笋峰、风动石、猴子拜观音等各种奇石。这些奇岩怪石惟妙惟肖，只要有丰富的想象力，便能演绎出一连串神奇的故事。

❖ 风动石

"风动石"斜立着，使劲一推便会摇动。在刮 5 级以上的风时，一半石头纹丝不动，而另一半会被风吹得动起来。看似摇摇欲坠，但摇摆千年而不倒，确非人力所能及。

在三盘尾南部东侧的海滨，从北向南看，在大大小小规则的岩群中有一根海蚀石柱，高 20 米左右，像观音站立在那里，将慈祥的目光投向远方。相对方向有一块形似猴子正在拱手下拜的石头，这就是猴子拜观音。然而走到南边，再往北看，观音却变幻成老公公了。

从另外一个角度看，猴子拜观音中的观音，很像一位老态龙钟的老人，和传说中的南极仙翁差不多，故人们又称为"寿星岩""老人礁"。

❖ 猴子拜观音

在山岩中有一块椭圆形的石头，悬立于巨石之上，呈摇摇欲坠之状，不禁让人感叹大自然的鬼斧神工。

❖ 飞来石

❖ 三盘尾路标

王理孚的功绩

　　三盘尾绵延的高山上有连绵不绝的草甸，一路繁花相拥。沿着草甸的台阶往下走，在山洼处的草坪上展示着一艘色彩鲜艳的渔船，船上伫立着南麂岛早期开发者王理孚的塑像。

❖ 三盘尾石径

❖ 熊猫听涛

在三盘尾草甸的边缘有一块巨大的石头，犹如一只肥硕的熊猫面朝大海，好似在思考着什么。

❖ 怪石嶙峋

❖ 石笋峰

❖ 三盘尾渔船上的王理孚塑像

王理孚，字志澄，又名锐，字剑丞；开发南麂岛时自称"海上虬髯"，因此以海髯为号。1876年（清德宗光绪二年）生于平阳县江南区陈营里地方（今属苍南县），1950年病殁于永嘉县城（今温州市鹿城区），终年75岁。

三盘尾不仅可以看日出，入夜还能见到传说中的"蓝眼泪"。

据记载，明代嘉靖年间，为避倭寇，南麂列岛曾大量迁移岛民于内地，因此逐渐荒芜。

王理孚于1913年首次登上南麂岛时，岛上仅有渔民数十人，生活条件艰苦，米、盐及其他生活物品均需通过船运从鳌江获得。王理孚登上南麂岛后，便在三盘尾的石壁上镌刻了"民国癸丑十一月王海髯由海路登陆"这几个字，此后，他便在此地扎下海运据点，招募农工，置船护航，王理孚耗资数万元，经过20年的经营，陆续将内地人移民到此，极大地繁荣了当地的商贸，使岛上居民增至万余人，正式成为南麂乡。

天涯海角

　　海南岛沿海巨石林立，景色壮美，其南端更有两块巨石，演绎着"陪你到天涯海角，爱你到海枯石烂"的浪漫爱情故事。

❖ 天涯海角海景

　　"天涯海角"是两块海边的巨石，分别是"天涯石"和"海角石"，位于海南岛最南端，面向茫茫南海，背对马岭山，距三亚市主城区西南约 23 千米。

115

❖ 天涯海角

两块面对面的巨石

海南岛南端的天涯湾有众多巨石，其中有两块巨石特别有名，即"天涯石"与"海角石"。关于这两块巨石还有一个美丽的传说。

相传，古时候当地两个有世仇的家族，出了一对热恋的情侣，遭到各自族人的反对，他们逃到此地，走投无路后投海，死后化作两块面对面的巨石，再也没有人能将他们分开。这两块巨石寓意"天涯海角永远相随"，用来表达坚贞的爱情。

天涯石为平安石

相传，天涯湾一直风恶浪凶，然而，清朝雍正年间，崖州官员程哲来此视察，却看到了不一样的景象，这里风平浪静，正如他诗中描述的"天涯藐藐，地角悠悠"的美景，在程哲看来，这里即是他心目中的天涯海角，于是便命人在巨石上刻下了"天涯"二字。说来奇怪，自此以后这里风调雨顺，当地人认为，自从巨石上刻有"天涯"二字后，给他们带来了好运，便奉此石为"平安石"，日日朝拜。

依山傍海的"天涯石"圆中见方，方中呈圆，"面朝东方""四平八稳"，独占海湾一角，已有亿万年的历史，可谓"坚如磐石"。

❖ 天涯石

海角石即幸运石

民国时期，指挥海南岛抗战的最高军事和行政长官、琼崖守备司令王毅来到天涯湾，看到"天涯"的石刻后心生好奇，怎么有天涯没有海角呢？于是命人在天涯石相对的另一块巨石上刻了"海角"二字，同时还有欲与日本侵略者背水一战的意思。之后，经过多年抗战，王毅作为海南岛的受降将军接受了日本的投降。所以，"海角石"被称为"幸运石"。

名副其实的"天涯海角"

郭沫若在考察、旅居三亚（崖县）期间，曾三次前往天涯湾游览，还写了多首诗赞美这里的美景。1961年，郭沫若在天涯石的另一侧题写了"天涯海角游览区"7个大字。至此，天涯湾这片滨海地带便成了名副其实的"天涯海角"。

❖ 海角石

关于海角石的另一说法：渔民出海后，如果找不到回来的方向，便由海角石指引他们回来的路，因此当地人也称"海角石"为"幸运石"。

"海"则指南海，"判"是一剖两半之意。
❖ 海判南天

❖ 南天一柱

清朝康熙时期，首次组织了全国地图测绘工作，位于海南岛南端的天涯海角景区，成为此次绘制中国陆地地图南极点的标志。在此，掌管测绘的钦差官员剖开石碑题记"海判南天"4个大字，以为标志，必须永久保存。从此，"海判南天"成为天涯海角最早的石雕。

许多有故事的石头

除了天涯石和海角石外，天涯湾还有许多有故事的石头，如海判南天、南天一柱、爱情石等。

海判南天

1714 年，康熙皇帝谕旨 3 位钦天监在中国南疆下马岭海边题刻"海判南天"石刻，以此为中国疆域的天地分界处。"海判南天"的意思就是南海在这里分为"天南海北"。

南天一柱

南天一柱即财富石，它立于海天之间，其形象被印在第四套人民币二元纸币上。相传，有一位富商生意失败后，流落到天涯湾，与南天一柱亲密接触后重振了事业。此后，南天一柱被当地百姓视为财富石。

关于南天一柱还有一个神话故事。相传很久前，陵水黎安海域恶浪翻天，常有渔船在此失事。天上两位仙女不忍，偷偷下凡，立身于南海中，为当地渔家指航。王母娘娘得知仙女私自下凡后十分恼怒，派雷公电母去抓她们，两位仙女不肯离去，化为双峰石，被雷公电母劈为两截，一截掉在黎安附近的海中，一截飞到天涯石旁，成为"南天一柱"。

爱情石

爱情石又名"日""月"石，坐落在天涯海角正对面的海上，两块石头像"日""月"重叠交叉，心心相印，日月相伴，朝暮相随，它们也有一个美丽的故事。

据传，一对老夫妻在这里甜蜜地生活了一辈子，丈夫生病后，久治不愈，不忍拖累妻子，选择了跳海自尽，妻子明白了丈夫的心意后也随之而去。不久之后，海边出现了两块依偎着呈心形的石头，像是为了见证他们至死不渝的爱情，如今这里成了情侣们的打卡胜地。

❖ 爱情石

两块交叉矗立的巨石，分别刻着"日""月"两个字，它是《人民日报》原总编范敬宜所题写的，这就是"日月石"。两石构成"心"形，相依相偎。

天涯海角遍布爱情文化景点。有"爱"字摩崖石刻、"永结同心"台、"连心锁""夫妻树""仙鹿树""海枯不烂石""月老"雕像、"爱心永恒"石刻等。

野柳奇石

野柳海滩上奇岩怪石密布，种类繁多，各尽其妙。该海滩也因这些奇石而被"选美中国"活动评选为"中国最美的八大海岸"的第二名。

❖野柳龟

每年秋季，北方鸟类南下避冬，经长途旅行后，第一个落脚歇息的地方就是野柳；而春季，鸟类选择野柳做最后的补给站后，才振翅北返。

野柳奇石位于我国台湾岛东北角的野柳海滩，属于新北市，海滩上有各种奇岩怪石，海岸上有海浪精雕细琢的人物、巨兽、器物。

野柳海滩是一处伸入海中的山岬，长约1700米，有野柳半岛和野柳岬之称。远远望去，该岬角好像一对海龟抬着头、躬着背、蹒跚着准备离岸，所以当地人也称它为野柳龟。进入野柳风景区后，沿着步道前行，可尽览奇特的地质景观。

野柳海滩历经千万年海水及海风的洗礼，雕琢成今日这番绝色之姿，大自然的每一个作品都是绝品，野柳风景区大体可分为 3 个片区：第一个片区有仙女鞋、女王头、情人石和林添祯塑像等；第二个片区有风化窗、海蚀沟、豆腐岩和龙头石等；第三个片区有灯塔、二十四孝山、海龟石、珠石和海狗石等。

女王头耸立在一个斜缓的石坡上，高 2 米。它给人的感觉好像是一位抬头静坐的尊贵女王。
根据地质学家的考察，女王头有约 4000 年历史。经过长期的风化侵蚀，它的颈部已变得非常细弱了。如果遇到大强风、大地震，很有可能会断落。

❖ 女王头

❖ 海蛋

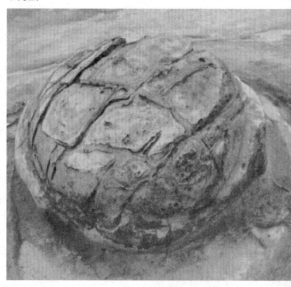

❖ 烛台石

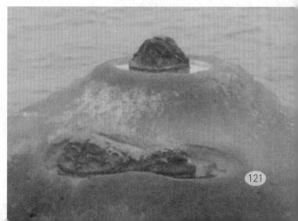

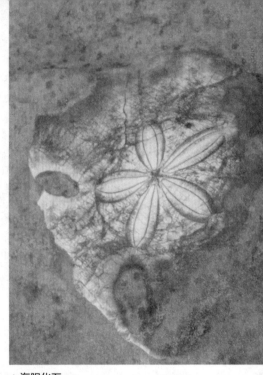

❖ 珠石

珠石也叫作海蛋，像一颗圆珠镶嵌在海边岩石上，摇摇欲坠。

❖ 海胆化石

这是野柳犹如迷宫一般的海岸岩丛中的一块海胆化石，属于实体化石，管状根足都清清楚楚。

仙女鞋是一块看起来非常像一只鞋子的石头，它是一种姜石，含有较硬的钙质岩块，受海水长期的淘洗而剥落，加上地层挤压出纵横交错的裂缝，所以成了鞋子的造型。据传，天上的仙女在此地收服野柳龟，但不小心将鞋子遗忘在海岸上，便形成了如今的仙女鞋。

野柳海滩上除了有大自然鬼斧神工雕琢的怪石外，还有美人蕉、龙舌兰、海鞭蓉、南国蓟等海岸植物，以及许多被海浪带上海滩的五颜六色的贝壳、海胆等。野柳海滩好似一个天然的海岸公园，游人们不管是观奇石、海景，还是赶海，都能有满满的收获。

❖ 仙女鞋

❖ 奇石

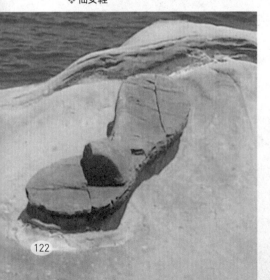

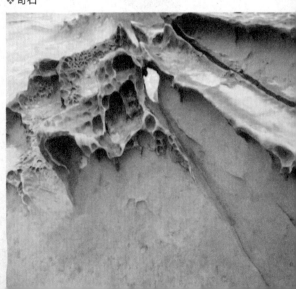

东崖绝壁

犹 如 刀 劈 斧 削

嵊山岛附近的海水时而波涛汹涌，时而平静，旁边屹立的东崖绝壁却显得格外的沉静，这一切都安抚着每一颗浮躁的心。

东崖绝壁位于舟山群岛中的嵊山岛的最东端，高达数十米，它离后头湾村很近，可以坐车过去，也可以沿着一条不起眼的山路直接攀爬过去。

直插入海

东崖绝壁是一座高达数十米、连绵数千米的山崖，直插入海，峭壁下波涛汹涌，惊涛拍岸的场景非常壮观。正如老

❖ 东崖绝壁

东崖绝壁赋

老骥

芒芒沧海兮，横浮天地，悠悠岁月兮，涵藏今古。极目四方兮，水与天合；逸怀八极兮，心及弥彰。扶桑不远兮，若在咫尺。蓬莱易达兮，或为通路。骄风群居吞兮，洪波函起兮，日月晦其兮，马鼓震怒兮，境之为奇兮，色之为烟，海之为大兮，水之为藏，骞摇拔兮，泉明越兮，漫于为家兮，由奉安堵。中有东崖绝壁兮，自然生成。

东崖绝壁，峭拔千寻。于山之角，于海之滨。惊涛拍岸，轰然作鸣。狂风呼啸，众窍发声。乌不敢过，鱼不敢游。色若丹垩，金光灿烂，红云升腾，大势峥嵘，海气呼啸，随客现异，世无所争，开道迎客，游人足先。

至于大胆者数水无穷，其名出于《山海》之经；朝阳有谷月元谷，其阜载于《淮南》之书。传云疑立之地，在东海兮；西山夹丘，有佳木兮。大人之国，在其光谷兮，尘而朝寿，创捕鱼兮，君子之州，在其东兮；衣冠带剑，好礼义兮。鲁令坐垂玄，少兮夏兮，起于东门，贻之始兮，自东至西，互亿余兮。

赫赫其说，德德其述，游客共来，亦可考察。特为此赋，以俟后者。

❖ 老骥的《东崖绝壁赋》

❖ 东崖绝壁日出

❖ 东崖绝壁的步行栈道

骥在《东崖绝壁赋》中描述的那样"……东崖绝壁，峭拔千寻。于山之角，于海之滨。惊涛拍岸，轰然作鸣。狂风呼啸，众窍发声……"

沿着步行栈道，可以一直走到东崖绝壁高处，一览蔚蓝色的大海。可以一路走，一路换着角度领略东崖绝壁犹如刀劈斧削的神奇。

观日出

东崖绝壁是最接近日出的地方，也是可以看到清晨照入中国第一缕阳光的地方，来到此地怎能不欣赏一回日出呢？

凌晨的东崖绝壁格外的安静，海风带着一丝丝腥咸的味道，太阳从海岸线上慢慢地挣脱，红彤彤的，将周围的云层染上了颜色，像一个炫目的玛瑙盘，缓缓地升向空中，这种美景一辈子都未必能见到几回！

水母湖

水 中 的 " 七 彩 祥 云 "

　　落叶静静地铺在湖底，沉木和树枝四处散落着，尽显原生态的魅力。成千上万的小精灵在阳光下一闪一闪的，从容优雅地在人们的身边翩翩起舞，令人眼花缭乱，心生喜悦。这里便是有名的帕劳水母湖，湖中的小精灵就是水母。

　　水母湖是帕劳最著名的景点之一，也是帕劳的镇国之宝，在全世界享有盛誉。它位于帕劳群岛中有名的洛克群岛深处，坐落于埃尔·马尔克岛上。水母湖因湖中有数以万计不同种类的水母聚生在一起而得名。

无毒黄金水母湖

　　水母湖曾是海洋的一部分，大约 1.2 万年前，由于地壳隆起，使埃尔·马尔克岛高出海平面，岛屿中部下陷，逐渐将它与外海隔绝，形成了一片与世隔绝的水域。

❖ 水母湖

❖ 鸟瞰水母湖

❖ 通往水母湖的步道

水母湖看似一个普通的内陆湖，实际上是一个通过周围的石灰石的裂缝与海洋相连的咸水湖。湖中大多数海洋生物都随着养分的消耗而逐渐消亡，唯独留下了数量巨大、靠少量微生物就可以生存的水母。由于湖中缺少天敌，这里的水母丧失了祖先用以自卫的毒素，退化成了无毒的物种，而且每一只水母的颜色都是迷人的金黄色，因而这里成了世界上独一无二的无毒黄金水母湖。

恍若仙境

从帕劳首府科罗尔坐船大约30分钟即可到达埃尔·马尔克岛海岸，沿着步道上的指示牌，靠绳索攀爬过一个怪石密布、藤萝纵横、布满湿滑青苔的山头，即可来到水母湖边，水母湖的湖面只有几个游泳池那么大，湖边耸立着高大

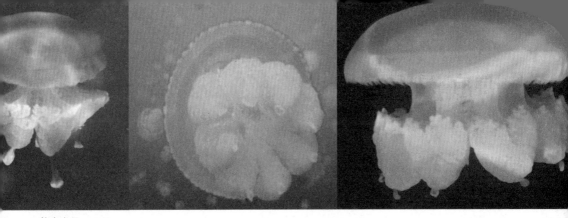

❖ 黄金水母

水母是水生环境中重要的浮游生物，早在 6.5 亿年前就存在了，水母的出现甚至比恐龙还早。它们在运动时，利用体内喷水反射前进，远远望去，就像一顶顶圆伞在水中迅速漂游；有些水母的伞状体还带有各色花纹，在蓝色的海洋里，这些游动着的、色彩各异的水母显得十分美丽。

据说第二次世界大战时期，日本的侦察机低空飞过水母湖上空，发现湖中有大量金黄色的东西，以为是黄金，就派人来调查，结果发现了这种金黄色的生物，于是给它们起了一个响当当的名字——黄金水母，水母湖就这样公之于世，每年吸引着大量世界各地的游客前来游玩。

的红树林，其根系直接深入湖底。透明如镜的湖水中偶尔有几条小鱼游过或水母如仙女般漂过，几缕阳光透过红树林射进水面，温柔地散射在水底，恍如仙境。

水母集中在湖中央

水母湖的深度只有 20 米左右，但是站在岸边却很难见到大量的水母，划船或潜水到达湖的中部，就能发现大量的水母聚集在湖中部的水域，尤其是在中午，在阳光照射下，成群结队的水母会从幽寂黑暗的湖底升腾而起，进行光合作用，这时只见水面密密麻麻的水母一闪一闪地泛着金光，十分耀眼。它们的伞帽一张一翕，触手一伸一缩，旁若无人，悠然自得，全然不理会闯入这里的游人。

水母湖在 1982 年被发现，1985 年正式开放观光，帕劳共有 5 个无毒水母湖，出于保护目的，仅有一个对游客开放。

❖ 水母湖

海底瀑布

马克·吐温曾说："这儿是天堂的故乡，天堂原是仿照毛里求斯岛而建的。"于是，毛里求斯被赋予了"天堂的故乡"的美名，海底瀑布则是这里最令人震撼的美景。

毛里求斯是非洲国家，但它距离非洲大陆最东端有 2200 千米，中间还隔着一座面积巨大的马达加斯加岛。

毛里求斯位于亚洲、非洲和大洋洲大陆的中间，俗称"印度洋门户的一把钥匙"。在毛里求斯的众多美景中，最震撼游客的当属海底瀑布。

毛里求斯岛属于毛里求斯共和国，位于马达加斯加岛和塞舌尔的西边，是印度洋上的一座火山岛，熔岩广布，多火山口，形成了千姿百态的地貌。

❖ 毛里求斯美景

神秘的水世界

毛里求斯岛像一块碧绿色的翡翠，被周边一层浅绿色、如同水晶体的海水包围着，浩渺、蔚蓝的印度洋中高达两三米的巨浪拍打在毛里求斯岛海岸，如同给它绣上了一圈白色闪亮的花边。

毛里求斯岛周边的水呈绿色、橙红色、白色等，混合起来又变成另一种充满神秘感的色彩。

据说，太平天国天王洪秀全的家族，被清兵追杀时无路可逃，只得往西南下，越过印度洋，落脚毛里求斯岛，在岛上安营扎寨而定居下来。

❖ 灭绝的渡渡鸟

毛里求斯曾是世界上唯一有渡渡鸟的地方。渡渡鸟是一种不会飞的鸟，但它已于17世纪末绝种。毛里求斯茶隼和粉鸽也是世界上的珍稀动物。

❖ 毛里求斯岛上的大片潟湖

毛里求斯岛除南部有一小段海岸线外，几乎整座岛都被珊瑚礁包围着，这里拥有多样化的生物，也是大量濒危珊瑚的栖息地，在岛屿的西南角是有名的莫纳山和一大片潟湖，著名的毛里求斯海底瀑布就在这个神秘的水世界之中。

❖ 毛里求斯海底瀑布

海底瀑布

毛里求斯岛莫纳山下的潟湖之中有一处非常神奇的海底瀑布，远观好像大量银白色的"水"顺着海底悬崖边直冲而下，很快就没入了更深、更黑的海底深渊，如同《山海经》中描述的归墟之地，海水不断被吞噬，而事实上并非如此，这只是人们的一种错觉。

❖ 莫纳山近景

❖ 鸟瞰莫纳山

　　莫纳山沿岸有一个由珊瑚礁形成的沟壑，这个沟壑很深，落差很大，最深处可达到 3500 米。因为光线射入水中被折射出各种不同颜色，再加上海底的细沙和淤泥顺着洋流源源不断地流向地势稍高的大陆架边缘，然后顺着大陆架边缘坠入数千米深的海底，使水和泥沙有坠入深渊的视觉效果，这便形成了海底瀑布。

　　毛里求斯素以风光旖旎著称于世，只凭想象，人们永远无法触摸到毛里求斯的真容。登上莫纳山，从高处俯瞰海底瀑布，就像看到了真的瀑布，不可思议的是，即使亲眼看到它，也会觉得那只是幻觉。

　　海底瀑布是毛里求斯的一张名片，它完美地诠释了毛里求斯典型的非洲面孔——热烈奔放，骨子里却透露着法国的浪漫、英国的优雅和印度的妩媚。

毛里求斯面额为 25 卢比的货币上印着一个中国人的头像。这个人叫朱梅麟，他祖籍广东梅州，跟随父亲漂洋过海来到毛里求斯发展。经过多年打拼，朱家在毛里求斯非常有地位。毛里求斯为纪念朱梅麟对国家做出的贡献，特意将他的头像印在了钱币上。

毛里求斯是世界五大婚礼及蜜月胜地之一，每年都吸引不少明星夫妇前来游玩。

赫特潟湖

满 足 一 切 少 女 心 的 幻 想

　　赫特潟湖的湖水颜色从肉粉色到粉紫色，变化万千，呈现一种渐变、多元的色彩，甚至光线的变幻也会让湖面呈现不同的色彩，这个如梦幻般的潟湖能满足一切少女心的幻想。

　　赫特潟湖位于澳大利亚西澳大利亚州中部的印度洋沿岸，距离西澳大利亚州首府珀斯约 520 千米。

粉色的潟湖

　　1839 年 4 月 4 日，英国军人、探险家乔治·格雷发现了这个奇特的潟湖，并以西澳大利亚第二任州长约翰·赫特的兄弟、国会议员威廉·赫特的名字将其命名为赫特潟湖。

　　在大部分人的认知中，潟湖应该是深浅不一的蓝色、浅蓝色、深蓝色、湛蓝色交替混合，格外的迷人。赫特潟湖却打破了所有人的常规认知，这里的湖水呈现如玫瑰般的粉红

❖ 乔治·格雷

乔治·格雷（1812—1898 年），英国军人、探险家，南澳大利亚州的州长，曾任新西兰总督、开普敦总督、新西兰总理。

❖ 一边是蓝色，另一边是粉色

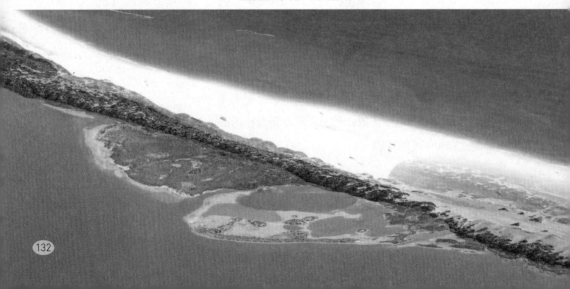

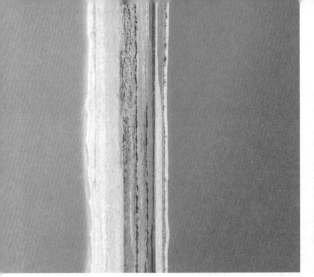

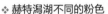

❖ 赫特潟湖不同的粉色

色，而且是满眼不同的粉色，由近而远、由浅而深，让人迷醉，它是西澳海岸线上不可多得的神奇湖泊，也是澳大利亚最大的一个粉湖。

一边是蓝色，另一边是粉色

赫特潟湖长约 14 千米，宽约 2 千米，面积约为 25 平方千米，是一个沿西北到东南、平行于印度洋的狭长形低洼湖泊。潟湖西岸被一系列宽 0.3~1 千米、高矮不等的海滩、沙丘与印度洋隔开，潟湖东岸为内陆高地，高大约 100 米，其中包括 8 千米长的悬崖，从空中鸟瞰，一边是蓝色的海洋，另一边是粉色的赫特潟湖，中间是白色的沙带，景色非常壮观。

β-胡萝卜素和相关的类胡萝卜素，如番茄红素（西红柿中含有）和叶黄素一样，是一种强有力的抗氧化剂。赫特潟湖中类胡萝卜素的浓度不仅将潟湖的水变成粉红色，而且促进了该地区的商业活动，人们养殖喜盐藻类以提取 β-胡萝卜素，用于生产涂料、化妆品和维生素 A 补充剂。

在干旱的季节，水分蒸发后，赫特潟湖就变成白色的盐田了。

❖ 赫特潟湖

❖ 雨季时赫特潟湖的部分水变成绿色

颜色会随含盐度而改变

赫特潟湖被海滩、沙丘与海洋分割，形成了一个封闭的湖泊生态系统。湖中生长着大量能产生 β – 胡萝卜素的藻类，因湖中有丰富的藻类和较高的盐度，使湖面呈现明亮、美丽且娇羞的粉红色，像一位羞涩的新娘。不过，湖水颜色也不会总是粉色，它会随着时间和潟湖含盐度的变化而改变。雨季时，湖水盐度会随着雨水流入而下降，湖水颜色会变淡，甚至变成淡绿色。旱季时，湖水被大量蒸发，盐度则会飙升，湖水甚至会被晒干，变成盐湖，没晒干的部分的颜色则红得诱人。

赫特潟湖的水源补充主要来自稀少的降雨、地表径流（来自东部高地的几条小溪流），以及地下水的渗流（特别是沿海沙丘）。

❖ 赫特潟湖红得诱人

喷水海岸

世　界　五　大　奇　景　之　一

当潮汐涌动时，天宁岛的喷水海岸便会有水柱直冲天际，仿佛感叹着当年的哀伤，有一种原始的粗犷和磅礴的气势。

❖ 装载原子弹的地方

"小男孩"和"胖小子"两颗原子弹就是从这里装载起飞的。

喷水海岸位于北马里亚纳群岛第二大岛天宁岛的东南端。天宁岛终年阳光普照，洋溢着太平洋热带风情，既有喷水海岸、塔加海滩这样的自然景观，也有大量第二次世界大战时期的遗迹，还能享受潜水、水上单车、海钓等水上运动带来的乐趣。

沿途众多"二战"遗迹

天宁岛不大，岛上只有一条主公路，从岛屿的北方起，沿着公路前行，沿途会经过

❖ 日军空军指挥部遗址

据说这栋楼的底层是当年的日军空军指挥部及机要部门，而二楼就是供日军享乐的歌舞厅等。它已经在第二次世界大战中被美军炸毁，其残骸依然矗立在路边。这是一个被废弃的第二次世界大战遗迹，除少数第二次世界大战迷外，鲜有人知道这地方。

❖ 石屋遗迹：拉提石

塔加石屋由 12 根巨大坚硬的石灰石和珊瑚礁柱子撑起，这些石头被称为"拉提石"，最高达 6 米，现在仅存一根高约 3 米的拉提石。

❖ 喷水海岸

喷水海岸在风浪大时，潮水喷起的水柱最高可以达到 18 米，相当壮观。

喷水海岸地形复杂，有非常坚硬的礁石，游客要选择鞋底较硬的鞋子保护自己的脚，防止被突出的礁石划伤。

天宁岛乃至整个北马里亚纳群岛上的原住民都将拉提石视为神物，将其称为镇岛石柱，据说拉提石不能倒，否则将有大灾难来临。如今，拉提石又被赋予了新的神力，据说膜拜它，就可以保佑情侣们的爱情像镇岛石柱一样天长地久。

塔加海滩有非常诱人的景致，是戏水拍照的绝佳之地，因此成为热门的广告拍摄地，更是深受日本比基尼女郎喜爱的写真拍照点。

一个关闭后被废弃的机场，曾经轰炸日本的两颗原子弹"小男孩"和"胖小子"就是从这里装载到 B-29 轰炸机上的；还有第二次世界大战时期日本空军指挥部遗址等。

一直沿着主公路南下，透过道路两旁郁郁葱葱的椰树，不远处是蓝绿色的海洋，海岛的东南角就是喷水海岸。

世界五大奇景之一

喷水海岸是天宁岛的必游景点之一，这里的地形十分复杂，整个海岸遍布着大小不同的不规则火山岩溶洞，这些溶洞是由历经百万年海浪冲击的火山岩形成的。每当被潮水扑打时，溶洞就会发出惊人的巨响。除此

❖ 塔加海滩

之外，海水还会随着浪涌，穿越洞口直朝空中喷出数丈高的水柱，像鲸喷出的水柱一般。如果运气好的话，还能见到水雾折射出的、若隐若现的彩虹。

酋长的私人海滩

从喷水海岸出发，沿着天宁岛主公路继续前行，不远处就是有名的原住民塔加人酋长宫殿遗迹——距今已有 3500 年历史的塔加石屋，塔加石屋不远处就是塔加人酋长的私人海滩——塔加海滩，这里是天宁岛上最大的海滩，拥有延绵的白色细沙，海水深浅不一，是不同水平的潜水者的理想潜水地。这里的海水透明度极高，天气好时甚至可以很轻松地看到如同梦境一般的海底世界。

天宁岛南端西北部有一个被称为"星沙"海滩的丘鲁海滩，"星沙"是一种极其微小的沙粒，但长角，看上去像一颗颗小星星，非常美丽。传说拣到八角星沙会一生好运！

❖ 天宁岛独有的辣椒酱

天宁岛独有的野生辣椒是目前世界上已知的最小的辣椒，被当地的原住民戏称为"DONNE SALI"，意为"丛林鸟播撒的种子"。

间歇泉

精 灵 打 造 的 童 话 世 界

雷克雅未克到处冒着灼热的泉水，热气弥漫，如烟如雾，如同由精灵打造的童话世界，虚无缥缈。

雷克雅未克是全世界最北的首都。

雷克雅未克自 870 年起就成为人们聚居的一个居民点，根据历史记载，该地第一批常住居民来自斯堪的纳维亚。

雷克雅未克始建于 874 年，1786 年正式建城，历史上曾分别隶属于挪威与丹麦。1944 年 6 月冰岛共和国成立，雷克雅未克成为其首都。

小间歇泉每次喷发之前都会先冒泡，然后瞬间喷发，水柱喷射不高。

❖ 小间隙泉

间歇泉主要位于冰岛的首都雷克雅未克，是冰岛的标志性景观之一。

冒烟的海湾

雷克雅未克西面临海，北面和东面被高山环绕，早在公元 9 世纪，斯堪的纳维亚人就乘船来到这片海域，他们看到远处的海湾沿岸升起缕缕炊烟，以为有人居住，于是便把此地命名为"雷克雅未克"，意即"冒烟的海湾"。事实上，这里根本没有农舍炊烟，斯堪的纳维亚人见到的炊烟是岛上的间歇泉喷出的股股水柱。

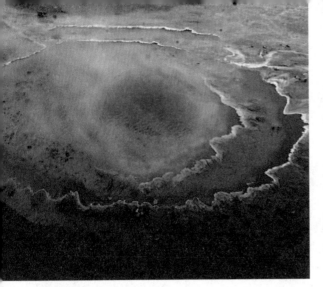
❖ 蓝色的小泉

人类历史中第一次记载间歇泉

　　雷克雅未克地处火山活跃地带，地下水在地下被不断加热，地下压力变大，冲破地表的热地下水遇到冷空气后便会形成"冒烟的海湾"，因此形成了间歇泉。据地质学家估算，冰岛间歇泉已经活跃了1万多年，而雷克雅未克的这些间歇性喷出水柱的泉水是人类历史中第一次以英语单词"Geysir（间歇泉）"记载间歇性喷涌的温泉。

❖ 史托克间歇泉

史托克间歇泉比较有规律，每10分钟喷发一次。

GEYSIR喷泉是世界上第一个被发现的间歇泉，可惜由于地质运动，现在已经不再喷发了。

❖ GEYSIR喷泉

❖ 间歇泉口的高温警示牌

❖ 间歇泉池

❖ 直冲云霄的水柱

出现频率最高的名词之一

雷克雅未克的地热资源丰富，早在 1928 年，雷克雅未克就建起了地热供热系统。间歇泉也因此被贴上了"Geysir"的标签，成为当地很多商业机构，如银行、餐厅、酒店、租车公司等的名字，可谓冰岛出现频率最高的名词之一，足见间歇泉在冰岛人心目中的地位。

❖ 涌动的泉池

❖ 大间歇泉直径约 18 米的圆池

大间歇泉

雷克雅未克有众多间歇泉，其中最有名的就是大间歇泉，这是在冰岛旅游时必到的景点之一，大间歇泉是一个直径约 18 米的圆池，水池中央的泉眼的直径有 10 多厘米，泉眼内的水温高达 100℃以上。

每隔 5 分钟左右，大间歇泉的水柱就会从地面之下突然像火箭发射般一冲而上，直冲云霄，高度约达到 70 米，整个过程不足 2 分钟，然后泉口会继续涌动着，酝酿着下一次喷射。

❖ 间歇泉的泉眼处

据资料记载，大间歇泉喷射的最大高度为 170 米，如今它喷射的高度和频率都有所减弱，不过，依旧很壮观，每一次喷涌都仿佛是一次生命的律动，令人敬畏。

百年干贝城

上 帝 的 水 下 " 藏 宝 箱 "

百年干贝城海域汇集了世界上罕见的百年巨型贝壳，只需潜入海底，就可以欣赏到它们令人惊叹的模样，体会妙不可言的感觉。

❖ 俯瞰帕劳

从空中俯瞰整个帕劳的岛屿及潟湖，景色壮阔，色彩斑斓。

❖ 砗磲

百年干贝城隐身于帕劳的巴伯尔图阿普岛旁，是帕劳群岛不可错过的奇特景观，也是一个世界知名的潜水胜地。

百年干贝城

百年干贝城又称为巨蚌城，在这个风光旖旎的海域中生活着许多大型贝类，其中，砗磲在百年干贝城众多贝类中最出名，它也是世界上最大的海洋双壳贝类，被誉为"贝王"。

百年干贝城海域的干贝非常大，有像小桌子一般大小的砗磲，还有超过1米的巨型干贝，最大的干贝长度相当于一个成人的身高。这些生长了上百年的巨型干贝，零星或者三五成群，平静地躺在海底的白沙上。它们仿佛被时间遗忘，也仿佛忘记了时间。有些砗磲的寿命即便达到百岁以上，它们那巨大的壳依然灵活无比。因此，游人千万不要随意触摸它们，否则会有被夹住而无法脱身的危险。

❖ 巨型红色砗磲

有趣的浮潜景点

百年干贝城是一个十分有趣的浮潜景点，浅水处多为砂底，较深处则是珊瑚，上百只色彩斑斓、大而且厚的巨型贝类错落有致地散布其间，它们的外观奇特而艳丽，安静地生活在清澈通透的海水中。除此之外，百年干贝城水下还有成百上千种不同的海洋生物，让每个潜水者在探索海底深处的奥秘时，也能感受到海洋生物的独特魅力。

帕劳是太平洋岛国中最富有的国家之一。

砗磲是稀有的有机宝石，白皙如玉，也是佛教圣物。砗磲是海洋贝壳中最大者，直径可达1.8米。砗磲一名始于汉代，因外壳表面有一道道呈放射状的沟槽，其状如古代车辙，故称车渠。后人因其坚硬如石，在车渠旁加石字。砗磲、珍珠、珊瑚、琥珀在西方被誉为四大有机宝石。

❖ 在百年干贝城潜水

坦纳根海湾

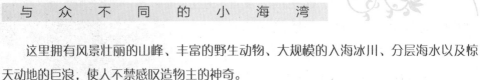

与 众 不 同 的 小 海 湾

这里拥有风景壮丽的山峰、丰富的野生动物、大规模的入海冰川、分层海水以及惊天动地的巨浪，使人不禁感叹造物主的神奇。

❖ 恍若人间仙境

阿拉斯加湾是世界上九大著名海湾之一，位于美国阿拉斯加州南端，介于阿拉斯加半岛与亚历山大群岛之间，是北太平洋自然条件较好的海湾之一，其沿岸分布着安克雷奇、西厄德、瓦尔德兹和科尔多瓦等良港，是美国宣布战时必须要控制的海上航道咽喉的第一个。

坦纳根海湾位于美国阿拉斯加州中南部最大的城市安克雷奇的西南方，是阿拉斯加湾入口处的一个小海湾。

世界著名的高潮排浪景观

大部分海湾都很宁静，坦纳根海湾则完全不同，尤其是在涨潮时，这里的海浪滔天，后浪推前浪，海浪以时速16~20米翻滚着从水面上跃起，浪头一个高过一个，最高时能达到 3.5 米，是一个世界著名的高潮排浪景观。

不能融合的海水

阿拉斯加海流从东南方流入坦纳根海湾，呈逆时针方向旋转，因受加拿大西北岸和阿拉斯加温和气候影响，呈现暖流特征，海水温度超过 4℃。由于进入海湾的海水密度关系，这两片海水不能融为一体，在坦纳根海湾的海面上呈现两种颜色，形成了著名的海水分层现象。

恍若人间仙境

坦纳根海湾有阿拉斯加湾中最常见的冰川美景，在绵延起伏的楚加奇山脉的衬托下，整个海湾显得格外迷人，甚至连海中的白鲸也因被美景吸引而跃出海面，同时，观景的白鲸也成了人们眼中的风景。在坦纳根海湾常能看到架着相机镜头的摄影师和拿着望远镜的游客，他们在耐心地等待着白鲸跃出水面的那一刻，这一切又成了别人眼中的风景，风景和看风景的人相辅相成，置身其中，恍若人间仙境。

❖ 白鲸角指示牌

❖ 白鲸

本特寇特海德公园

世 界 上 最 高 的 观 潮 点

在这里可以观察、感受独一无二、世界上规模最大、最高潮汐发生时的奇观，领略大自然的磅礴之美。

芬迪湾位于加拿大东南部的大西洋沿岸，在新斯科舍省和新不伦瑞克省以及美国缅因州之间。它拥有世界上第一潮汐差，以迅速涨落的潮汐闻名于世，被誉为"全球海洋奇观"之一。

原本是一个陆地峡谷

芬迪湾的大潮是潮汐共振的结果，当大浪从海湾的入海口到远岸再回到入海口，所需的时间与涨潮和退潮之间的时间相同或几乎相同，就会发生潮汐共振，从而放大了潮汐，在特殊时期，芬迪湾的潮汐差能超过20米高。

芬迪湾原本是一个陆地峡谷，冰河时期结束后才逐渐形成海湾，湾口宽92千米，从湾口向东北延伸241千米。由于冰雪、风雨持续侵蚀和潮汐日夜冲刷岩层，芬迪湾的各处展现多种多样的缤纷风貌。

芬迪湾是世界上海潮潮差最大的海湾，潮起潮落间，令人不禁感叹大自然的神奇，沿岸依据截然不同的地貌风情有众多不同的观潮点，而潮汐最大的观潮点是本特寇特海德公园。

芬迪湾国家公园入口处有英文和法文两种"欢迎"的文字。该公园的面积不算大，可是由于它的奇特性，已成为加拿大以及世界上知名度很高的景点之一。

❖ 芬迪湾国家公园入口

❖ 芬迪湾国家公园

芬迪湾拥有 3 亿年的历史，是世界上最早出现爬行动物的地方和加拿大最早的恐龙聚居地，并且是亿万年前侏罗纪灭绝事件的岛屿之一。

世界最高潮汐所在地

本特寇特海德公园位于新斯科舍省的沃顿河口不远处，这是世界上最高的涨潮地，在公园入口处的一块告示牌上写着 "Site of the World's Highest Tides"（世界最高潮汐所在地）。这里的平均潮汐差为 14.5 米，最大值达 16.3 米，特殊时期甚至能超过 20 米，场面壮观，堪称一绝，当之无愧冠绝全球。

芬迪湾是鲸的天堂，座头鲸、小须鲸、引航鲸和稀有的露脊鲸从加勒比海陆续洄游到此。

在芬迪湾可以观测到十几种鲸，还有鸟，如海鹦、信天翁和苍鹭等。

❖ 世界最高潮汐所在地告示牌

芬迪湾潮差如此大的原因有两个：一是由于这是一个狭长的海湾，强劲的波浪一路传到漏斗形的海湾内部，加上海水产生的共振效应，潮水被推向最高点。二是每次涨潮时，都有多达 1000 亿吨海水冲进芬迪湾，这已经超过了全世界所有的淡水量的总和，一路往前冲的潮水将海水推高。

❖ 退潮后的赤红海滩

退潮之后，本特寇特海德公园会露出弯弯曲曲的海床，此时海滩赤红，海水幽蓝，波光似白雪，镶嵌着点点赭黑色的礁石，片片蜡黄的海草，在海水冲刷形成的水坑中，还可以发现滞留在此的小型海洋生物，极像一幅举世无双、瞬息万变的天然油画。

温暖的阳光照射在芬迪湾绵延数平方千米的泥滩上，甲壳动物和软体动物遍布整个泥滩，夏季时，白嘴潜鸟、金翅雀、游隼等会迁徙来此，享受阳光、海滩与美食。

❖ 本特寇特海德公园不远处的灯塔
在此可以观看芬迪湾潮汐和大西洋日落。

泉水之岛

"牙买加，牙买加，这个泉水淙淙、河水盈盈的美丽富饶的国家……"正如这首牙买加民歌所唱，牙买加岛上几乎到处都是清泉、瀑布，还有许多千姿百态的岩洞，淙淙的泉水从山间谷地、崖壁裂缝中流出。

❖ 清澈的山泉

牙买加岛中部和西部有广阔的石灰岩高原，境内多高山和幽谷，数不清、如蜂窝般的石灰岩溶洞遍布其间，还有一些又大又深的下陷洞穴。

❖ 邓斯河瀑布

邓斯河瀑布位于牙买加的蒙坦戈贝，是加勒比海唯一的一个临海瀑布，全长 180 米，攀登者可以手牵手一层层向上爬，瀑布水质为矿泉水，有滋润皮肤的功效。

泉水之岛

　　牙买加岛属于热带雨林气候，炎热多雨，年降水量多达 2000 毫米。雨水渗进地下裂隙和洞穴，由于山体的落差，这些雨水经过石灰岩的过滤，最后变成泉水喷涌出来，汇聚成无数的河流和川涧流入大海。全岛大大小小的河流不下几百条，而且各有特色，有黑河、白河、大河、宽河、铜河、牛奶河、香蕉河等，编织成一个巨大的水网，网住了全岛，因此，牙买加又被称为"泉水之岛"。

❖ 雨林中的水潭

牙买加岛上被雨林覆盖的山脉中有一系列风景如画的水潭，而水潭则由涌出的瀑布供水。

❖ 蓝山咖啡

牙买加岛东部绵延约 50 千米的蓝山山脉有众多海拔 1500 米以上的山峰，其中蓝山峰为全国最高峰，高 2256 米。在蓝山的山坡上有大量的咖啡种植园，其中最有名的是"蓝山咖啡"，每年产量的 90% 被各国皇室及富豪们垄断，真正流通的只有 10%。它被评为"集所有好咖啡的品质于一身"，被誉为咖啡世界中的"完美咖啡"。

牙买加并不富裕，可是这里的物价却很贵，因为这里很多商品的消费税是 16%（纽约的消费税都只有 8% 左右）。

❖ 牙买加岛街边的古建筑

这是一座古建筑，有 200 多年历史，据说里面是当时用来取泉水的装置。

七英里海滩位于牙买加第二大城市蒙坦戈贝，它远离尘嚣，比较安静，被列为"世界十大著名海滩"之一，海滩长 8.9 千米，还专门划出了天体浴场。

❖ 七英里海滩

❖ 雷鬼海滩

牙买加是雷鬼音乐鼻祖鲍勃·马利的出生、成长地，雷鬼音乐在现代音乐的演化形成过程中有着举足轻重的地位。而牙买加的雷鬼海滩则是雷鬼音乐的乐土，时常举办喧闹的音乐盛会。雷鬼海滩位于海岸两边陡峭的悬崖之下，还是一个绝佳的浮潜地点。

海盗海滩也叫死角海滩，地处牙买加狭窄的地带，人烟稀少，古时候这里常有海盗出没，如今以美丽落日而出名。

❖ 海盗海滩

"完美咖啡"的产地

牙买加是中美洲加勒比海上的一个岛国，除了拥有数量众多的飞泉、瀑布和千姿百态的岩洞之外，它还是被誉为咖啡世界中的"完美咖啡"的产地，是所有咖啡爱好者心中的向往之地。此外，在牙买加漫长的海岸线上分布着许多著名的海滩，如尼格瑞尔海滩、博士洞穴海滩、海尔希尔海滩等，无不显示这个岛国浓郁的热带风情。

分合岛

人们常说"合久必分，分久必合"，这个法则不但在人类社会中适用，还适用于一座海岛。在肯尼亚鲁道夫湖附近就有一座能分能合的小岛。

在浩瀚而辽阔的大西洋上有一座神奇的小岛，它的中央部分有一条很长很深的裂沟，这条裂沟长到能直接把这座小岛分裂成两座相距4米左右的小岛。当地原住民将其称为"分合岛"，即"分分合合"的意思。

更让人觉得奇怪的是，分裂后的两座小岛还会慢慢靠拢，裂沟的缝隙慢慢变小，从而合成一座小岛，就好像这座小岛从来没有被分裂过一样。"分合岛"分裂和合拢的时间没有规律，少则1~2天，多则3~4天。如此这般分分合合，日复一日、年复一年，也不知道过了多少春夏秋冬。

分合岛是一座荒芜的海岛，无人居住，岛上连高大的树木也没有，只有一些稀松的植被和小草，不仅如此，这座岛上也几乎没有动物存在，甚至连爬行类动物和昆虫也很难见到。或许正是因为没有高大的树木连接，才让这座小岛不断地裂开、合拢。

❖"分合岛"裂沟

肥皂岛

自 带 肥 皂 的 小 岛

在童话故事《谁偷了我的睡眠》中，安米踏上肥皂岛，立即摔了个四仰八叉，因为肥皂岛太滑了。而现实中，在爱琴海上就有这样一座本应存在于童话世界中的"肥皂岛"。

肥皂是脂肪酸金属盐的总称。广义上，油脂、蜡、松香或脂肪酸等和碱类起皂化或中和反应所得的脂肪酸盐，皆可称为肥皂。

"肥皂岛"名叫阿洛斯安塔利亚岛，它的面积不大，坐落于爱琴海上。经过科学家的研究发现，岛上的泥土和岩石里含有大量类似肥皂成分的碱土金属盐。

自古以来，阿洛斯安塔利亚岛的原住民就习惯用当地的土石块洗涤身体、衣物和器具。在清洗衣服的时候，他们会随意抓一把地上的泥土，然后直接在水里搓洗，而且能搓出许多泡沫，只需用水一冲洗，就可以把衣服洗干净。即便是如今洗涤用品非常普及的情况下，当地人还有使用泥土洗东西的习惯。

据当地人介绍，阿洛斯安塔利亚岛不仅土里有肥皂，海水中也有许多清洁剂成分，当地人身体脏了后，就会直接跳入海水中畅游一会儿，上岸后就能变得干净。

如今，这座神奇的"肥皂岛"吸引了越来越多的游客，每个来此的人都会收藏一把岛上的泥土，自己用或者送给朋友，这里的泥土真是"居家生活"和"馈赠友人"的良品。

更有趣的是，每逢下雨时，阿洛斯安塔利亚岛上就充满了肥皂泡沫。这时，人们总爱跳入泡沫中享受独特的肥皂浴。

❖ **肥皂岛**

七彩土

神 奇 瑰 丽 且 寸 草 不 生 的 土 地

80多年前，甘蔗农发现，在毛里求斯一块偌大的甘蔗林里，在其中一块地里，无论如何施肥或者换种，也长不出任何作物，便请专家来此勘察，从此之后，七彩土奇观被传播开来。

毛里求斯素以风光旖旎著称于世，它拥有一张典型的非洲面孔——热烈奔放，骨子里却透露着法国的浪漫、英国的优雅和印度的妩媚。造物主似乎不曾在毛里求斯这块画布上吝啬过任何色彩。

七彩土

毛里求斯不仅有白色的沙滩和碧蓝的海水，还有色彩艳丽的七彩土。

❖ 七彩土

毛里求斯是世界上罕见的同时拥有7种不同颜色泥土的地区之一。

毛里求斯位于马达加斯加岛东部，对许多中国人来说，这里还不能算是一个耳熟能详的旅游目的地，但它绝对是中国护照落地签的国家中数一数二的风景地。

❖ 夏玛尔瀑布

毛里求斯七彩土景区是世界上唯一同时拥有7种以上颜色泥土的地区，开车进入公园，途经夏玛尔瀑布，走三四千米便可到达。夏玛尔瀑布是毛里求斯落差最大的瀑布，十分壮观，周围遍布绿色植物，呈现原始的自然风光。

在毛里求斯西部的夏玛尔村一个密林中有世界上独一无二的奇观——七彩土，它是由于火山爆发时喷出的岩浆氧化后发生化学变化，又在强烈的阳光照射下形成的一种红、黄、紫、橙等颜色的泥土。这些泥土的颜色层次分明，色泽鲜艳，形状像一座波浪纹小山，中间隆起，与东西两边的山坡相接，南北两侧的缓坡伸向平地，就好像一道道彩色的水流奔向两边的丛林。如今，这里已经被开发成一个封闭式的小公园，是到毛里求斯旅游时必到的景点之一。

据当地人介绍，即使是把山坡上不同颜色的泥土翻耕，混合在一起，只要经过几场大雨，山坡上的七彩土又会恢复原状。

❖ 七彩土

❖ 毛里求斯唐人街

七彩土的传说

关于七彩土有一个很优美的传说：以前有一个俊美的少年循着彩虹来到仙境，他被仙境深深吸引，久久不肯离去，但是，自己终归不属于这个地方，于是在离开的时候，他向仙女们请教再次造访仙境的办法，仙女们看着俊美的少年，不忍心拒绝，便往毛里求斯撒下七彩仙粉，在一片甘蔗林中造出了一片色彩斑斓的土地——七彩土，这便是仙女们造出的人间仙境。

毛里求斯有许多习俗与我国类似，如祭祀祖先、烧香拜佛、清明扫墓等。毛里求斯的"关帝庙"香火是各种神庙中最鼎盛的。据记载，早在18、19世纪时就有广东人和福建人向毛里求斯岛移居，在清末和民国初年曾发生过一次大规模的移民潮。他们大都是来此经商的，同时也将我国的风俗带到了这里。

干尼亚粉红色海滩

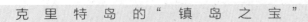

克 里 特 岛 的 " 镇 岛 之 宝 "

干尼亚粉红色海滩是克里特岛的"镇岛之宝",以粉红色细沙而闻名于世,粉红色细沙在阳光的照射下显出一轮轮粉色光环。

克里特岛是克里特文明的诞生之地。

克里特岛位于地中海东部的中间,是希腊的第一大岛,自古以来就是人口众多的富庶之地,是古代爱琴海文明和许多希腊神话的发源地,过去是希腊文化、西方文明的摇篮,现在则是美不胜收的度假之地。

干尼亚粉红色海滩曾被美国《国家地理》杂志评为"最美海滩"之一。

❖ 干尼亚粉红色海滩

干尼亚粉红色海滩距克里特岛西北岸的港口小城干尼亚市区有 2.5 小时车程,地理位置相对偏远。这里的海水清澈见底,颜色由浅及深,景色绝美,是一个度假的好地方。

干尼亚粉红色海滩

干尼亚粉红色海滩的沙子非常细腻,光脚踩上去有丝滑般的感受,是世界上少有的粉红色沙滩。

关于粉红色海滩有两种解释:一是因为海中数以亿计的海洋生物残骸被冲上了海滩,经过长期的风化,它们的粉色贝壳被细化为沙粒,铺在克里特岛的沙滩上。

二是由于离干尼亚不远的圣托里尼岛的火山爆发,部分岩浆岩冲击到这边的沙滩上,经过时间的研磨变成粉色细沙。

❖ 夜幕下的埃及灯塔

❖ 世界上最古老的埃及灯塔

世界上最古老的埃及灯塔又名哈尼亚灯塔或干尼亚灯塔，坐落在古老的威尼斯港入口处东侧防波堤的尽头，这座灯塔是威尼斯人在16世纪末期建造的。经历几百年的风霜，灯塔几经重修，如今依旧完好。

干尼亚城

干尼亚城是一个位于克里特岛西北岸的港口小城，它是克里特岛上的第二大城市。干尼亚城格外宁静，保留着古老的街道区划，游客可租用海岸边装饰华丽的马车，穿梭于静谧而古朴的小巷，体会这座海边小城独特的韵味。

克里特岛上有很多具有威尼斯风格的建筑，干尼亚城中的威尼斯遗风尤其浓郁，其中，保存得最好的要数街道尽头的威尼斯港。在威尼斯港的入口处有一座世界上最古老的埃及灯塔。

置身于干尼亚城中，让人仿佛进入了电影中的中世纪街道。在城区的一角有一个废弃的圆形土堡（过去威尼斯城堡残留的西南角），登上这个土堡可俯瞰干尼亚城，威尼斯港、埃及灯塔、各色房屋、教堂钟楼、古老的旧城区尽收眼底。

除了有中世纪街道、威尼斯港、埃及灯塔外，干尼亚城周围还有很多可以休闲度假的海滩和登山徒步的路线。

瓦度岛荧光海滩

"马尔代夫"这个词在梵文中有花环的意思，如果说马尔代夫是由众多美景组成的花环，那么，瓦度岛荧光海滩就是这个花环上最重要的一朵花。

马尔代夫拥有 70 多种五颜六色的珊瑚和其他的海洋生物。可以透过清澈的海水，观察到令人难以置信的海底世界。

马尔代夫有许多迷人的海滩，因常年经受印度洋海水的冲刷，这里的海滩显得格外洁白细软，众多的拖尾白沙滩更是马尔代夫海滩的代表。除了拖尾白沙滩外，马尔代夫还有一个与众不同的海滩——瓦度岛荧光海滩。

荧光海滩

马尔代夫拥有拖尾沙滩的岛屿有库拉玛提岛、可可尼岛、康迪玛岛、迪加尼岛、奥露岛、丽世岛等。

❖ 马尔代夫拖尾沙滩

瓦度岛位于马尔代夫南环礁北端的珊瑚环礁的群礁边缘，水下周边有一圈海沟，拥有绝佳的天然景致与丰富的海洋生态。整个环礁犹如一座天然的海洋水族馆，珊瑚、鱼类非常丰富，环岛一周有 40 个以上的潜点可供选择，2004 年，瓦度岛被《世界潜水旅游》杂志评选为最佳的潜水胜地以及最佳的水上屋。

❖ 在瓦度岛潜水

　　除了潜点和水上屋外，瓦度岛还有一个更值得游玩的地方，那就是夜晚会发光的海滩——瓦度岛荧光海滩，它是世界上少少有的会发光的海滩，在漆黑的夜幕下，散发着幽蓝色光芒的海水，随着浪花冲在沙滩上，形成了一个荧光海滩，也有人将它称为"蓝眼泪""火星潮"等。

瓦度岛首先将水上屋的概念引进马尔代夫群岛，可以说是水上屋概念的先驱。

❖ 瓦度岛水上屋

❖ 瓦度岛海滩上的"蓝眼泪"

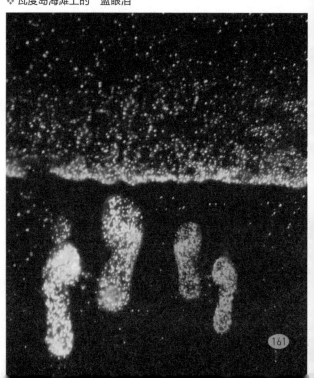

❖ 瓦度岛海滩

全世界有 7 个著名的荧光海滩，3 个在波多黎各，2 个在澳大利亚，1 个在马尔代夫，1 个在中国河北秦皇岛。2014 年，中国大连也出现了荧光海。

浮游生物散发出幽蓝的光

　　荧光海滩的光是无数浮游生物散发出的幽蓝的光，随着海浪的推动，光点会拍在沙滩、岩石上……景色特别迷幻，发出这种荧光的浮游生物多为多边舌甲藻或鞭毛藻。当这些海洋生物受到海浪拍打或人为的干扰时，就会像萤火虫一样发出绿色或蓝色的荧光。

事实上，在海洋黑暗层中至少有 44% 的鱼类具有发光的本领，如鮟鱇、光脸鲷、龙头鱼和灯眼鱼等。

　　瓦度岛不仅有发光的浮游生物，还有会发光的鱼，每当夜色降临时，在灯光的照耀下，安静的海底变得格外诱人，如果运气好就能看到一条条闪着绿光的鱼在海底静静地游过。

❖ 马尔代夫美景

❖ 让海滩夜晚发光的浮游生物

港岛粉色沙滩

世 界 上 最 性 感 的 沙 滩

港岛粉色沙滩风光绮丽，碧海蓝天，纤尘不染，堪称世界上最性感的沙滩，被誉为"全球最美旅行度假之地"。

巴哈马群岛拥有众多沙滩，其中最诱惑人的是粉色沙滩，而粉色沙滩中最著名的就是长达 5 千米的港岛粉色沙滩，它曾经被美国《新闻周刊》评选为"世界上最性感的沙滩"。

最性感的粉色沙滩

巴哈马群岛中的岛屿大多是石灰岩岛，整个群岛都被清澈多彩的海水包围着，形成碧海蓝天、风景秀丽的热带海岛风光。传说在 1513 年，西班牙殖民者庞塞·德·莱昂，为了寻找传说中的不老泉，率领船队沿加勒比海航行，看到了一些被水浸着的岛屿，他便为其起名为"巴哈马"，意思是"浅滩"。这些"浅滩"是由众多连绵数千米的沙滩组成的，这些沙滩有白色的、粉色的等。

港岛粉色沙滩隐藏在巴哈马群岛一隅，看上去一片粉红色，这里的沙质细软，极具诱惑力。仔细观察粉色沙滩，可以发现有种珊瑚粉末状的红色细沙掺杂在白色沙子内，这些粉红色的沙子是由近海的一种有孔虫的遗骸混合了白色、红色的珊瑚粉末形成的。当有孔虫遗骸的比例达到一定的高度时，沙滩便会呈粉色的状态。

有孔虫是一类古老的原生动物，5 亿多年前就生活在海洋中，至今种类繁多。有孔虫是一种单细胞生物，体积非常小，肉眼很难看到。在哈伯岛周边的礁石上附有许多有红色或亮粉色外壳的有孔虫，它们被大浪袭击或鱼类冲撞后，就会成团地掉下礁石，最后被冲到了沙滩上，变成了粉红色的"沙子"。

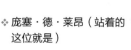
❖ 庞塞·德·莱昂（站着的
　这位就是）

163

❖ 粉色沙滩

水上运动的天堂

港岛粉色沙滩被如水晶般清澈的海水包围着，海水的蓝色由浅至深，反映了海水的不同深度。港岛粉色沙滩不仅是浮潜者和深潜者的天堂，而且也是水上运动爱好者的天堂，这里有帆船、划船、潜水、垂钓、水上摩托、汽艇等水上活动项目。

港岛粉色沙滩美得令人窒息，不管是在这里享受日光浴，还是什么都不做，静静地躺着欣赏白云从头顶飘过，或者聆听海浪拍打沙滩的声音，都给人一种怦然心动的感觉！

巴哈马群岛不仅是旅游者心中的天堂，还是一个国际金融中心，被人们称为"加勒比海的苏黎世"。

❖ 岛上的粉红色教堂

❖ 绵延 5 千米的粉色沙滩

卡马利黑沙滩

卡玛利黑沙滩完美地将海和天分开，但看上去又浑然一体，几乎所有对它的赞美都显得那么累赘而多余。

❖ 黑色鹅卵石沙滩

卡马利黑沙滩是一个长方形的黑色沙滩，位于希腊圣托里尼岛东部的卡马利小镇，这里曾经是罗马帝国的海军要塞，如今却成了在圣托里尼岛享受爱琴海风情最主要、最热门的去处之一。

特色是"黑"

卡马利黑沙滩，顾名思义，其特色是"黑"。圣托里尼岛的火山喷发后，比较重的熔浆冷却后形成的黑色火山石，经过长期的海水打磨和风化，形成无数大小不一的黑色鹅卵石，偶尔也有一些白色和红色的石头掺杂其中。因此，卡马利黑沙滩并非那种细沙，而是小鹅卵石沙滩。当光着脚丫行走在黑色鹅卵石沙滩上时，会有一种做脚底按摩般的舒服感，在太阳暴晒后踩在沙滩上，更给人一种"痛并快乐着"的奇妙之感。

如果说伊亚是文人雅士的最爱，卡马利就是享乐主义者的天堂，入夜后这里有许多酒吧、舞厅开放，是一个浪漫的不夜城。

圣托里尼岛上的黑沙滩有很多处，比较有名的有卡马利和佩里萨两处。

❖ 看起来连海水都是黑色的

鹅卵石和海水有特色功效

世界上有许多著名的黑沙滩，如维克沙滩、塔希堤黑沙滩、穆里怀黑沙滩、冰湖海滩、罗威那海滩、三保松原和安斯凯隆海滩等。

　　卡马利黑沙滩不仅是黑色的，看起来连海水都是黑色的，但是却黑得那么清澈、干净，海水更是沁人心扉。据说，卡马利黑沙滩的鹅卵石和海水不仅有美容作用，还有缓解关节炎，治疗风湿、皮肤病等效果。因此，在卡马利黑沙滩上，可以拿几块鹅卵石放在膝盖或者其他关节部位，躺在沙滩上晒日光浴，或者干脆将身体浸泡在海水中，享受一次纯大自然的"Spa"。

拥有爱琴海所有的风情

　　卡马利黑沙滩拥有爱琴海所有的风情，这里的海水清澈，平整的沙滩黝黑油亮，非常适合游泳。在狭长的海滩上竖着密密麻麻的太阳伞，供游人休息时使用。很多人更喜欢戴护

❖ 海滩上的太阳伞

❖ 卡马利黑沙滩

目镜，在烈日下直接趴着或者躺在黑色鹅卵石上，一动不动地享受烈日的烘烤。

　　随着太阳西移，日近黄昏，海滩上的人会越来越少，海滩也会变得安静起来。大部分人会去海滩边的酒吧或饭店享受圣托里尼式的夜生活。还有些人会一直躺在沙滩上，静待日落，细数满天星辰，期待流星的出现。

浪漫的不夜城

　　卡马利黑沙滩方圆 500 米聚集了几十家旅馆，从最高档
的五星级酒店到实惠的民宿都有，
还有商场、餐厅、咖啡吧、酒吧、
纪念品店、运动用品店等。

❖ 卡马利黑沙滩一处跳水悬崖

　　日落后的卡马利黑沙滩变得热
闹非凡，成了游人夜生活的天堂，
路边的餐厅散发出诱人的烤鱼味，
酒吧则不时传来动感的音乐声，仿
佛让人置身于一座浪漫的不夜城。
和"贫瘠"的圣托里尼红沙滩比起
来，这里一片繁荣景象。

帕帕科立沙滩

火 山 女 神 的 眼 泪

在夏威夷大岛最南部有一个原生态的绿沙滩,沙滩上的沙粒璀璨晶莹得犹如绿宝石一般,美得超出了人类的想象,传说中这是火山女神的眼泪。

帕帕科立沙滩是世界上仅有的两处绿沙滩之一,被誉为用"宝石"铺成的沙滩,位于夏威夷大岛最南部的南角公园,这里也是美国领土的最南部。

火山女神的眼泪

帕帕科立沙滩的主要成分是绿色的橄榄石,橄榄石是一种半珍贵的石头,分布于海滩附近,由于海水的侵蚀和常年的摩擦作用,石头被一点点地磨成了现在的细沙,形成了世人瞩目的绿沙滩。

远远望去,帕帕科立沙滩好像一块细腻的碧玉陈列于海天之间,被海浪轻轻拍打后,湿润的沙滩好像木瓜油一般温润泛绿,因此,这里也被叫作木瓜油沙滩,大多数人知道有白沙滩、黑沙滩、红沙滩,甚至粉沙滩,但是绿沙滩确实让人感到神秘而疑惑,根据当地人的传说,这些橄榄石沙子是火山女神佩蕾的眼泪流淌而成的。

 ❖ 绿沙滩

火山女神的眼泪可不是什么人都能触碰的，因为通往帕帕科立沙滩的道路未经垦荒，极其难走，不管多好的越野车都很难到达，游客只能徒步翻越十几千米的崎岖不平的火山岩后，跋涉到帕帕科立沙滩的附近，然后再翻越一座陡峭的山崖才能到达，一睹火山女神的眼泪。

稀有、珍贵的绿沙

帕帕科立沙滩只是小小的一片沙滩，也是一个鲜为人知的区域，整个沙滩没有进行任何商业的开发。

在帕帕科立沙滩入口处有块警示牌，上面写着偷沙子会被罚 500 美元，由此凸显绿沙的稀有和珍贵。事实上，即便是没有这块警示牌，大家也只会在这里尽情玩耍，肆无忌惮地拍照，很少有人带走一粒沙子，因为传说中，谁擅自带走火山女神的眼泪，谁就会遭到火山女神的报复。这是人们对自然神明的敬畏，也从根本上保护了这个珍贵的沙滩。

❖ 绿沙滩的沙子放大后晶莹剔透

布拉格堡玻璃海滩

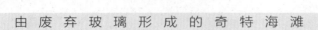

由 废 弃 玻 璃 形 成 的 奇 特 海 滩

　　布拉格堡玻璃海滩是由废弃的玻璃碎片经过若干年的海浪打磨而成的，它是大自然赐予人类的璀璨之地，在阳光的照耀下，显得炫彩夺目。

　　布拉格堡玻璃海滩位于美国加利福尼亚州的布拉格堡的海岸线上，由布拉格堡小城中心路可直接进入通往海岸的小街，小街的尽头就是长长的布拉格堡海岸线。

美不胜收的玻璃海滩

　　布拉格堡海岸线外是一望无际的太平洋，岸边布满了大大小小的礁石，在礁石的间隙中有一个远远看去并不太起眼的海滩，这便是布拉格堡玻璃海滩。

　　当走近布拉格堡玻璃海滩，层层海浪扑打在礁石和海滩上，溅起白色的浪花，在海浪的冲刷下，布拉格堡玻璃海滩上出现了五颜六色的光芒，银色、绿色、蓝色、橙色，偶尔还有红色，这是海滩上的玻璃颗粒在阳光下反射出的亮光，简直美不胜收。

❖ 礁石间隙中的玻璃海滩

❖ 没有棱角的玻璃颗粒

被丢弃的玻璃碎片

这些玻璃颗粒虽然和沙子是同样的物质构成——二氧化硅，但是它们却非天然形成的，而是由数不清的被丢弃的玻璃碎片，经过日积月累的海水冲刷，磨去了玻璃碎片的棱角而形成的"沙粒"。

以前的人们没有环保意识，1906—1967年，布拉格堡及周边的居民把这个海滩当作垃圾场，将啤酒瓶、其他瓶瓶罐罐的碎片和各种废旧的电器，甚至报废的汽车随意地丢弃在海滩上。后来，人们意识到环境保护的重要性，于是政府将大量的垃圾清理出海滩，但是由于玻璃碎片太多，而且都已经破碎，根本无法清理，于是就被留在了海滩上，而这些无法被清理的玻璃碎片，被太平洋的海水冲刷后变成了圆形、椭圆形等不规则的、没有棱角的颗粒，成了海滩上耀眼的沙粒，让人眼花缭乱。

目前，布拉格堡玻璃海滩是 MacKerricher 州立公园的组成部分，已经成了一个热门的旅游景点，每到旅游时节，都会有大批游人来到这里一睹它的别样风光。

出于对沙滩的保护，当地政府规定游客不允许带走沙滩上的玻璃颗粒。

无独有偶，在俄罗斯乌苏里湾也有个著名的玻璃海滩，它也是由玻璃垃圾形成的海滩，是由苏联时期玻璃工厂倾倒在海边的玻璃瓶废料以及当地人的生活垃圾，如伏特加瓶、啤酒瓶形成的。随着时间的推移，大自然把这些瓶子碎片都慢慢打磨成了"玻璃鹅卵石"。

❖ 俄罗斯乌苏里湾玻璃海滩

贝壳海滩

贝壳海滩是一个特别的海滩，它不以沙子细腻柔软和色彩迷人而闻名，而是堆满了贝壳，堪称世界上最奢侈的海滩，美国《国家地理》杂志还曾称它为"世界最美的沙滩"之一。

❖ 鲨鱼湾美景

鲨鱼湾是澳大利亚最大的海湾，覆盖了大约 2.3 万平方千米的范围，有超过 1500 千米长的海岸线。

贝壳海滩坐落于澳大利亚的最西点，是鲨鱼湾超过 1500 千米长的海岸线上的一个海滩，它被誉为世界上最奢侈的海滩，也是世界上三大完全由贝壳形成的海滩之一。

❖ 指甲盖大小的贝壳

整个海滩上基本都是指甲盖大小的贝壳，掺杂着风化了的贝壳粉。

当之无愧的名字

贝壳海滩距离西澳大利亚州首府珀斯约 780 千米，距离鲨鱼湾的主要城镇德纳姆约 45 千米。

贝壳海滩的入口处较高，海湾内地势低，海水只进不出。当地炎热、干燥和多风的气候导致海水的蒸发率很高，加上降雨量很少，几乎没有淡水补充，使这里的海水盐度比一般地方的高出两倍。正是这些极端的因素为贝壳们创造了最天然的繁育温床，它们在这里自由任性地生长，迅速繁衍，贝壳

❖ 贝壳海滩

绵延 110 千米的海滩全是由洁白的贝壳堆成。

❖ 贝壳海滩

贝壳海滩上的大部分贝壳是鸟蛤的贝壳。

❖ 鸟蛤

世界上只有 3 个贝壳沙滩，除了鲨鱼湾的这个外，另外两个分别在加勒比海的圣巴特斯岛和中国无棣。

们在这个高盐度的环境中出生、死去，无数生命的循环后，最终整个海滩的沙子都被贝壳取代了，获得了"贝壳海滩"这个当之无愧的名字。

世界最美的沙滩之一

贝壳海滩上的贝壳堆积如山，绵延 110 千米，其中高达 7~10 米的主要贝壳海滩就达 60 千米。整个海滩由几十亿个贝壳，经过 4000 多年的累积而成。远远望去，贝壳海滩就像是被洁白的雪花覆盖一样，因而又被称为"澳大利亚最白的海滩"之一。

在贝壳海滩入口的地方有块牌子，提示大家，这里的贝壳不能带走，作为鲨鱼湾的一部分，贝壳海滩已被列为世界自然遗产。

❖ 贝壳灰岩上的贝壳

贝壳海滩上的贝壳经过几千年的变迁、挤压，有些已经形成了贝壳灰岩，当地居民曾经以海滩上的贝壳灰岩为材料建造房子等，现在已经被严格禁止。

❖ 贝壳灰岩

维克海滩

　　维克海滩黑得纯粹且一尘不染，宛若鬼魅，又仿佛神的怒火燃烧后的遗迹，这个黑色的神秘之地透着几分恐怖和神秘，是很多外星球题材大片的取景地。

❖ 维克镇全景

站在红顶教堂的山坡上，可以使教堂和维克镇以及黑沙滩边的海中礁石同框出现。

　　维克海滩位于维克镇的西南方，距离冰岛首府雷克雅未克东南 187 千米，车程约 4 小时。

全球十大最美丽的海滩之一

　　维克镇是一个只有 600 人的安宁和睦的小镇，小得掰掰手指都能数清楚镇里的几条街道，镇上除了山坡上的红顶教堂外，没有其他特别的风景，在小镇后方是一望无际的大海，大海边就是大

❖ 雷尼德兰格海蚀柱

这里的洋面上矗立着一群礁石，有如同中国笔架山一样的风景，它是一个黑色玄武岩柱群，名叫雷尼德兰格海蚀柱。相传，它们本是巨怪，被阳光照耀后凝固成巨石，从此立于海上被海浪冲刷，成为黑沙滩的一道网红打卡风景。

名鼎鼎的黑沙滩。黑沙滩真的很黑，黑得深邃、通透，有种一尘不染的神秘感。这是维克镇、雷克雅未克，乃至冰岛最受欢迎的拍照打卡地之一，也是"全球十大最美丽的海滩"之一。

黑沙滩源于海底火山爆发

黑沙滩的形成源于远古时期的一次海底火山爆发，熔岩与海底的泥层被掀翻到地面，高温的岩浆遇到冰冷的海水后迅速冷却成黑色的玄武岩，再经过海风和海浪千万年的侵蚀而形成玄武岩颗粒，最终变成了如今连绵不绝的黑沙滩。这些黑沙颗粒很纯净，黑得没有杂质，也没有淤泥尘土，捧起一把，满手乌黑，轻轻一抖，黑沙四散，手上却纤毫不染。

外星球题材大片的取景地

黑沙滩是纯黑色的沙地，有点粗糙，但近海的地方的黑沙非常细腻，色泽乌黑，晶莹透亮，白浪逐沙滩，黑白分明，形成强烈的反差。

当狂风卷着暴雨排山倒海般地扑向黑沙滩，天地之间只剩下一片黑白苍茫，仿佛世界末日一般，神秘又诱人，让每个看风景的人都觉得恐怖。因此，这里成了很多外星球题材大片的取景地。

在美丽的背后，黑沙滩还暗藏凶机，每年的旅游旺季，这里都会有游客被海浪卷走，消失在一望无际的北大西洋中，因此，当地政府在黑沙滩旁竖有游客警示牌，提醒游客千万不要靠近海滩，以防不测。

❖ 黑沙滩上的石墙

黑沙滩上最神奇的风景是一座玄武岩石墙，形如人为刻凿和拼接的大块岩石，呈棱柱形，排列成风琴状耸立在海浪之中。

"维克"（Vik）在冰岛语中是海湾的意思，冰岛有许多地方叫作"维克"，例如，雷克雅未克（维克）、凯夫拉维克、格林达维克、达尔维克等。

在黑沙滩的衬托下，周围像加了一层黑色的蒙版，甚至连水中的巨礁都显得那么浓黑。

❖ 黑沙滩旁边的巨礁

尖角海滩

尖角海滩是善变的，也是独一无二的，它是一处无法被替代的风景，让每个来过这里的人都感叹"若世上真有天堂，就应该是这个样子"。

布拉奇岛最早由希腊、罗马帝国占据，之后，先后被威尼斯、波斯尼亚、法国和奥匈帝国统治。1918年并入南斯拉夫，如今属于克罗地亚。

斯普利特是克罗地亚的历史名城及克罗地亚第二大城市。

布拉奇岛降雨量少，水底能见度高，是一个潜水胜地。

尖角海滩位于克罗地亚的布拉奇岛的波尔附近，坐落在距斯普利特15千米的亚得里亚海上。

最多变海滩

布拉奇岛东西长40千米，宽7~14千米，面积396平方千米，是这片海域中的第三大岛，为达尔马提亚地区的第一大岛，是一座独特的心形岛屿，因尖角海滩而闻名。

❖ 航拍尖角海滩

尖角海滩除了拥有普通海滩所拥有的碧海、蓝天、黄沙、白浪之外，还拥有"最多变的海滩"之名，它的一端长达530米的绵延尖角延伸至海洋，会随着风向的改变而改变，随着经年累月地经受海浪的侵蚀，最后消失在温暖清澈的亚得里亚海中。

戴克里先宫建于公元305年，是罗马历史上首位自主退位的皇帝戴克里先为自己退位后隐居而建。

❖ 戴克里先宫

❖ 冬宫

冬宫建在高耸的悬崖脚下，曾经是一个著名的寺院和天文台，如今是布拉奇岛上最迷人的游览胜地之一。

尖角海滩很独特，整个海滩呈三角形，它是由于潮汐和风向形成的以白色鹅卵石为主的海滩。

❖ 尖角海滩

❖ 维多娃山

维多娃山又名维多娃戈拉，是亚得里亚海中两大群岛的最高点（780米）。在山上可以看到一些海滩、山坡和一部分的达尔马提亚群岛。

布拉奇岛除了尖角海滩外，还有一样被全世界贵族看重的"宝贝"，那就是白色大理石。自罗马时代以来，布拉奇岛的白色大理石就被运往世界各国建造宫殿，如斯普利特的戴克里先宫、布达佩斯的国会大厦和华盛顿的白宫等。为了让白色大理石更加精致，早在2000多年前，布拉奇岛上就建有石匠学校，培养专门打磨、切割、雕琢白色大理石的匠人，为世界各国的皇宫服务。

❖ 布达佩斯的国会大厦

淳朴友好的当地人

在尖角海滩，除了可以晒日光浴、潜水、冲浪外，还可以坐在海边的筏子上参观海岛周围的酿酒厂，或者乘船出海去垂钓等。

除此之外，布拉奇岛还有众多美景，如龙窟、维多娃山和冬宫。岛上还零散分布着很多小村庄和小镇，当地居民非常淳朴友好，享受完尖角海滩的美景之后，可以漫步于村落，感受当地的人文风情，品尝顶级橄榄油、羊肉和羊奶酪等美食。